福本脐橙

马叙无核葡萄柚

福本脐橙结果状

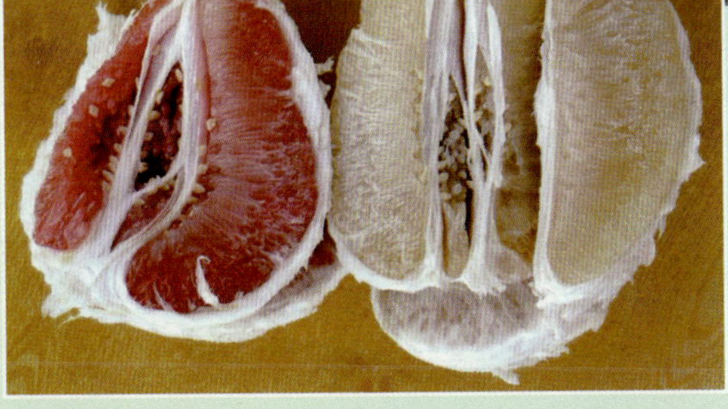

红肉蜜柚（左）
（引自“锦盛红
肉蜜柚”）

太田椪柑结果状

新生系 3 号
椪柑结果状

天草结果状

春见结果状

清见结果状

不知火结果状

少核默科特结果状
（引自“中国果业信息”）

早冰橙结果状

橘橙 7 号结果状

矮晚柚结果状
(彭永红提供)

尤力克柠檬结果状

中育 7 号甜橙结果状

特色柑橘及无公害栽培关键技术

编 著 者

沈兆敏　秦光成　张　弩　徐忠强
蔡永强　李永安　袁静秋　邵蒲芬
张世林　陈先兵　陈天清　彭永红

金 盾 出 版 社

内 容 提 要

本书由中国农业科学院柑橘研究所的沈兆敏研究员等编著。内容包括：特色柑橘品种，特色柑橘无公害栽培关键技术、病虫害无公害防治技术、无公害采收、采后处理及贮藏保鲜，特色柑橘品种无公害栽培技术要点等方面。全书内容丰富系统，文字通俗易懂，技术实用，可操作性强，适合基层果树技术人员、广大果农和农林院校有关专业师生阅读参考。

图书在版编目(CIP)数据

特色柑橘及无公害栽培关键技术/沈兆敏等编著. -- 北京：金盾出版社，2010.9

ISBN 978-7-5082-6551-3

Ⅰ.①特… Ⅱ.①沈… Ⅲ.①柑橘类果树—果树园艺—无污染技术 Ⅳ.①S666

中国版本图书馆 CIP 数据核字(2010)第 146227 号

金盾出版社出版、总发行

北京太平路 5 号(地铁万寿路站往南)

邮政编码：100036　电话：68214039　83219215

传真：68276683　网址：www.jdcbs.cn

北京金盾印刷厂印刷

永胜装订厂装订

各地新华书店经销

开本：850×1168 1/32　印张：6.125　彩页：4　字数：143 千字

2010 年 9 月第 1 版第 1 次印刷

印数：1～10 000 册　定价：11.00 元

前　言

近 10 年来，我国柑橘生产发展迅猛，2008 年全国柑橘的种植面积为 203.1 万公顷，产量达 2331.3 万吨，与 1949 年 3.27 万公顷、21.1 万吨相比分别增长了 61.1 倍和 109.5 倍。柑橘面积、产量均居世界首位。

柑橘生产大发展，取得的成绩举世瞩目，但存在的问题也不容忽视，特别是近几年柑橘一直滞销，价格下滑，果农种植柑橘丰产不丰收，效益下降，积极性受到挫伤。柑橘滞销、跌价的主要原因有：一是普通的柑橘过多，集中在 11～12 月份上市的柑橘过多。二是随着生活水平的提高，广大消费者越来越重视柑橘质量。特别是对柑橘的安全性更为关注，无公害食品柑橘、绿色食品柑橘和有机食品柑橘深受青睐。

为使广大果农种柑橘有好的经济效益，广大消费者吃上优质安全的柑橘果品，我们从技术层面出发，编著了《特色柑橘及无公害栽培关键技术》一书。希望该书的问世，能在发展品种的选择，无公害栽培技术的应用等方面对我国柑橘生产的持续发展和果农种柑橘增收致富有所帮助。

《特色柑橘及无公害栽培关键技术》全书共分 5 章：第一章特色柑橘品种，介绍了 60 个各具特色的柑橘品种。第二章特色柑橘无公害栽培关键技术，介绍了从选园址、建园、种植、土肥水管理到整形修剪和花果管理的实用关键技术。第三章特色柑橘病虫害无公害防治技术，介绍了21种柑橘主要病虫害的无公害防治技术。第四章特色柑橘无公害采收、采后处理及贮藏保鲜，介绍了柑橘采收、分级、包装、运输和贮藏保鲜过程中不使果实受污染的无公害技术。第五章特色柑橘品种无公害栽培技术要点，选择市场有需求，各具特色的30个品种，有针对性地介绍各种无公害栽培技术要点。

总之，书中介绍的特色柑橘品种，不论是新近推出的，还是目前种多种少的，都有市场潜力和竞争力。介绍的无公害栽培关键技术，技术要点先进、实用，可操作性强。全书有彩图、黑白图，图文并茂，文字通俗易懂。

《特色柑橘及无公害栽培关键技术》编著过程中得到同行的支持和提供资料，特别是北京汇源集团重庆柑橘产业化开发有限公司董事长柴寿昌、总经理明方成的大力支持，在此一并致谢。书中不妥，甚至错误之处，敬请不吝指正。

编著者

目　录

第一章　特色柑橘品种

柑橘是百果中的第一大水果，作为世界贸易的果品分宽皮柑橘、甜橙、柚和葡萄柚、柠檬及来檬四大类，在我国栽培的品种（品系）有200多个，其中特色柑橘品种最受市场欢迎。现从品种来历、特征特性、适应性及适栽区域、主要物候期、栽培注意点等方面简介于后。

一、少核（无核）红橘

1. 品种来历　系中国农业科学院柑橘研究所、重庆市万州区农业局果树站用^{60}Co-γ射线辐照和选种获得的少核（无核）红橘。

2. 特征特性　树冠圆头形，树姿较开张，叶片椭圆形。果实扁圆形，单果重70～80克，色泽橙红。果实可食率为73%，果汁率为55%左右，可溶性固形物含量为11.5%～12%，糖含量为9.6%，酸含量为0.6%～0.8%，肉质细嫩化渣，甜酸可口，每果有种子5粒或5粒以下，品质上等。果实耐贮性较好。

3. 适应性及适栽区域　少核红橘适应性广，平地、山地栽培均易丰产、稳产；凡适栽宽皮柑橘的区域均能种植。

4. 主要物候期　发芽期3月上中旬，春梢生长期3月中下旬，夏梢生长期6月下旬至8月初，秋梢生长期8月中旬至9月中下旬。现蕾期3月中旬，盛花期4月下旬，第一次生理落果期4月中旬至5月初，第二次生理落果期6月中下旬，果实成熟期11月下旬至12月上中旬。

5. 栽培注意点　及时采收以防枯水。

20世纪末以来，我国还选育出早熟、晚熟的少核红橘株系，可供生产种植。

二、新生系3号椪柑

1. 品种来历 系1953年四川省江津园艺试验站从广东潮汕引入椪柑种子播种后，从中选出的优良株系。20世纪60年代，在重庆北碚中国农业科学院柑橘研究所国家柑橘种质资源圃保存，又经多年观察，均表现生长健壮，品质优良，后各地广为种植。

2. 特征特性 树势健壮，生长势旺，幼树直立性强。果实扁圆形或高扁圆形，平均单果重114克，果色橙黄，果皮厚0.28厘米。果实可食率为70.7%，果汁率为42.8%，可溶性固形物含量为10.8%～12.5%，糖含量为8%～9.5%，酸含量为0.6%，种子6～9粒，果实品质优，耐贮藏。

3. 适应性及适栽区域 适栽椪柑的亚热带均可种植，尤其适于在中亚热带种植。土壤适应性广，山地和平地均可栽培，特别是红壤山地栽培品质尤佳。以枳作砧木结果早，丰产。通常3年生树能始花、结果，4～5年生树株产10～15千克，14年生树常规管理平均株产55.8千克，最高株产87千克。广东、广西多用酸橘作砧木，表现早结果、早丰产，是目前推广的良种之一。

4. 主要物候期 在重庆市北碚产区，春芽萌动期2月下旬至3月初，春梢生长期3月中旬至4月中旬，夏梢生长期6月下旬至7月中旬，秋梢生长期8月上旬至9月下旬；现蕾期4月初，盛花期4月下旬至5月初，第一次生理落果期4月下旬至5月上旬，第二次生理落果期5月下旬至6月下旬，果实着色11月上旬，果实成熟期12月上中旬。

5. 栽培注意点 幼树树形直立，前期适宜密植，加强肥水管理，防止结果过多而出现大小年。

三、太田椪柑

1. 品种来历　太田椪柑由日本育成。我国20世纪80年代后期引入，在重庆、浙江等地种植表现早熟、丰产。

2. 特征特性　树势直立，生长较弱，但成枝力较强，分枝多。幼果主要是球形和卵形，极少数为扁圆形；成熟果实有高扁圆形、扁圆形和卵形，单果重130～150克。果皮橙黄色，光滑，皮较薄。果实可食率为66.5%，果汁率为46.7%，可溶性固形物含量为10.5%～11.5%，酸含量为0.6%～0.8%，肉质脆嫩，甜酸适口，种子6～8粒，少核的3粒以下。比一般椪柑提早成熟15～20天，但延迟采收易浮皮，风味变淡。

3. 适应性及适栽区域　太田椪柑适应性广，对气温要求不高，年平均气温16℃左右，果实能正常生长，适宜在各种土壤栽培。红黄壤山地枳砧太田椪柑表现结果早，丰产稳产。枳砧3年生树株产2.7千克，4年生树株产17.2千克。

4. 主要物候期　在重庆市北碚产区，春芽萌动期2月下旬至3月上旬，现蕾期3月中下旬，始花期4月上旬，盛花期4月中旬，第一次生理落果期4月下旬至5月上旬，第二次生理落果期6月上旬至6月下旬，果实开始着色10月上中旬，果实成熟期11月中旬。

5. 栽培注意点　与新生系3号椪柑同。注意果实成熟后及时采收，以免品质下降。

四、长源1号椪柑

1. 品种来历　系广东汕头市柑橘研究所，1973年选自福建省诏安县太平乡长源村100年生的椪柑树，其后代经多年观察优良性状稳定。

2. 特征特性 树势健壮，生长势旺，枝梢密集，结果期较一致。单果重110～130克，果形端正，果色橙红，果皮易剥，不易裂果。可溶性固形物含量为12%～13.2%，糖含量为9.5%～10.5%，酸含量为0.8%～1%，肉质脆嫩、化渣，汁多，香味浓，有蜜味。果实种子4～6粒，品质上乘。

3. 适应性及适栽区域 长源1号椪柑的子代以酸橘作砧木，在红壤山地栽培表现丰产，5年生树株平均产39千克，最高株产81.5千克，7年生树平均株产46.3千克以上，最高株产110千克。适宜在粤东、闽南等南亚热带区域种植。

4. 主要物候期 在粤东、闽南产区，春芽萌动期1月底至2月初，抽发春梢2月上中旬。现蕾2月中下旬，始花期3月上旬，盛花期3月下旬，第一次生理落果期4月上中旬，第二次生理落果期5月中下旬，10月上中旬果实开始着色，果实成熟期11月中旬至12月中旬。

5. 栽培注意点 用酸橘、小叶枳或江西三湖红橘作砧木，可密植：小叶枳砧每667米^{2}栽112～145株(3米×2米～2.3米×2米)，江西三湖红橘砧每667米^{2}栽112株(3米×2米)。

五、黔阳无核椪柑

1. 品种来历 1990年从湖南浏阳市柏嘉乡引进普通有核椪柑接穗，用枳砧嫁接，1991年发现其中一株果实全部无核。1992—1996年先后从芽变枝及其子代树上采接穗，高接和嫁接，无核性状稳定，综合性状优良。1998年通过湖南省农作物品种审定委员会审定，并定名为黔阳无核椪柑。

2. 特征特性 树势健旺，分枝角度小，幼树直立生长强，树冠长圆形，结果后树冠逐渐展开，成自然圆头形。果实扁圆形或高扁圆形，果顶圆而微凹，有6～8条浅放射状沟纹，柱痕较大，或呈小脐状，蒂周广平，有5～8条放射状沟与棱起，果皮深橙黄色，光滑，平均厚0.25厘米，易剥，平均单果重128克，最大可达312克。可溶性固形物含量为13.5%～16.2%，酸含量为0.6%～0.8%，肉质脆嫩，汁多、化渣，甜酸适度，有清香，无核，品质佳，果实耐贮藏。

3. 适应性及适栽区域　适宜在亚热带气候山地、平地种植，抗寒、抗旱、耐瘠薄，尤其适于在红壤山地栽培。6年生枳砧植株高2.82米，树冠2.18米×1.97米，干周23厘米，株产约28.9千克。盛果期株产可达50千克，将其高接在枳砧的温州蜜柑、冰糖橙、大红甜橙、朋娜脐橙上均丰产性良好，翌年结果，第四年株产高的达35.5千克。

4. 主要物候期　在湖南省洪江，春芽萌动期3月上旬。现蕾期3月中下旬，盛花期4月下旬，果实开始着色期10月下旬，成熟期11月下旬至12月初。

5. 栽培注意点　用枳作砧木，早结果、早丰产，种植园地宜选土层深厚、肥沃、疏松的土壤，达不到要求的要进行改土培肥。注意相对集中栽培，不与有核椪柑混栽，以免出现种子。若稳果后疏除小果，更能提高优果率。

六、金水柑

1. 品种来历　原名鄂柑一号，系湖北省农业科学院果树茶叶研究所，自1978年以来，在抗寒育种研究中利用种芽变温处理、化学诱变等方法培育而成。

2. 特征特性　树势旺盛，树姿直立，小枝多，叶幕稠密。果实圆球形，果蒂突起，有放射沟数条，平均单果重143克，果实纵径平均6.22厘米，横径平均7.06厘米，果皮厚约0.33厘米，较粗。果实可溶性固形物含量为12%，糖含量为9.5%～10%，酸含量为

1.27%，肉质脆嫩、化渣，甜酸适口，有芳香，果实种子8～11粒，耐贮藏，贮藏135天仍保持92.2%的好果率和较好的品质。

3. 适应性和适栽区域 金水柑抗寒力强，超过同龄的温州蜜柑向山、松山，在－9.5℃的短期低温条件下，树冠仍保持完整的老叶而获得较高的产量。适宜椪柑种植之地均可种植，尤其适于在柑橘北缘产区种植。

4. 主要物候期 在湖北省当阳，春芽萌动期3月上中旬。现蕾期3月下旬至4月初，盛花期4月下旬至5月初，果实着色期10月中旬，果实成熟期11月中旬。

5. 栽培注意点 枳砧金水柑可实行密植，每667米^{2}栽74～90株，用改良树形、控冠的方法延长其结果期。

七、岩溪晚芦

1. 品种来历 系1981年从福建长泰县岩溪镇青年果场的椪柑园中选出，经对其母树和无性后代的连续多年观察，发现该品种晚熟性状稳定。

2. 特征特性 除较一般椪柑晚熟50～60天，即在翌年1月下旬至2月中旬成熟外，还具有以下特征特性：树势强健，分枝角度小，枝梢较密，树冠圆筒形。果实扁圆，单果重150～170克，果顶平至微凹，有较明显的放射状沟8～11条。果色橙黄，果面较光滑，果皮厚0.26～0.31厘米。果实可食率为75%～78.6%，可溶性固形物含量为13.6%～15.1%，糖含量为10.4%～12%，酸含量为0.9%～1.1%，单果种子4～7粒，部分果实少核、在3粒以下，肉质脆嫩、化渣，甜酸适口，具微香，品质佳。果实耐贮，贮藏到翌年4月底至5月初风味仍佳，可溶性固形物仍高达12%左右。

3. 适应性及适栽区域 适应性广，在山地、平地和水田，南、中、北亚热带地区均可种植。丰产、稳产，9年生树株产130千克，最高株产达 161.8 千克。无性后代在加强管理的条件下，表现速生、早结果和丰产，3 年生树平均株产 15 千克，4 年生树平均株产 17 千克。裂果少，抗寒，全国不少产区引种、试种，是可供发展的椪柑晚熟品种。

4. 主要物候期　在福建省长泰，春芽萌动期 2 月底至 3 月初，现蕾期 4 月上旬，初花期 4 月上旬，盛花期 4 月上中旬，谢花期 4 月 20 日前后。12 月上旬果实开始着色，果实成熟期在翌年 1 月下旬至 2 月中旬。

5. 栽培注意点　加强肥水管理，使其丰产、稳产。在冷月极端低温＜－3℃的区域易出现低温落果，种植要慎重。

八、本地早

1. 品种来历　原产于浙江省台州市黄岩，是浙江省主栽的既可鲜食，又宜加工全去囊衣橘瓣罐头的优良品种。

2. 特征特性　树冠高大，呈圆头形，树势强健，枝梢整齐，分枝多而密、细软。叶片近椭圆形、较小、深绿色，结果母枝多为春梢或秋梢。果实扁圆形、较小，平均单果重 80 克，果色橙黄，果皮较粗，果顶微凹，常呈小脐状，果蒂有明显的放射状沟纹，皮薄，易剥。果肉柔软多汁、化渣，甜而少酸，可食率为 68%～70%，可溶性固形物含量为 13%左右，糖含量为 9%～10%，酸含量为 0.5%～0.6%，有香气，种子 10 粒左右，品质上乘，果实较不耐贮藏。

3. 适应性及适栽区域　用本地早作砧木较耐寒，在北亚热带北缘柑橘产区栽培风味浓，品质优；在热量丰富、积温高的区域栽培易出现粗皮大果，风味变淡，品质下降等现象。

4. 主要物候期　在浙江省黄岩产区，春芽萌动期 3 月下旬，春梢生长期 4 月初至 4 月底，夏梢生长期 6 月下旬至 8 月初，秋梢生长期 8 月上旬至 9 月下旬。现蕾期 3 月下旬，盛花期 4 月中下旬。第一次生理落果期4月下旬至5月上中旬，第二次生理落果期5月中下旬至6月上旬，果实成熟期11月上旬。

5. 栽培注意点 用枳作砧木易出现黄化，用本地早作砧木（共砧）表现好，海涂种植用枸头橙作砧木，表现耐盐、丰产。

从本地早中选出的新本1号、黄斜3号少核、无核，品质上乘，极宜鲜食和加工糖水橘瓣罐头。

九、南丰蜜橘

南丰蜜橘又名金钱蜜橘、邵武蜜橘（福建）、贡橘。

1. 品种来历 原产于江西省南丰县，栽培始于唐开元之前，至今有1300多年历史。以江西省南丰县及其周边县、市，福建省邵武，广西壮族自治区柳州的柳城县栽培较多。

2. 特征特性 树冠半圆形或圆头形，树势强健，树姿开张，树干光滑，枝叶稠密，枝梢细长，叶片长至椭圆形。果实扁圆形，果顶平凹，果蒂扁平微有肋起，果实小，平均单果重60克，果皮薄，易剥，果橙黄色，油胞小而密，平生或微凸，囊瓣大小不一。可食率为78%～80%，可溶性固形物含量为13%～15%，糖含量为11.5%～12.5%，酸含量为0.5%～0.9%，肉质柔软化渣、汁多，风味浓郁，有香气，种子无或极少，品质佳。

3. 适应性及适栽区域 南丰蜜橘耐寒性较强，适合北亚热带和中亚热带栽培。

4. 主要物候期 在江西省南丰产区，春芽萌动期3月上中旬，春梢生长期3月上旬至4月下旬，夏梢生长期6月下旬至8月初，秋梢生长期8月上旬至9月中下旬。现蕾期3月上中旬，盛花期4月下旬，第一次生理落果期4月下旬至5月上旬，第二次生理落果期5月下旬至6月上旬，果实成熟期11月上中旬。

5. 栽培注意点 栽培要求肥水充足，但怕积水，适在微酸性的沙壤土上种植。

南丰蜜橘有大果系、小果系、桂花蒂系之分：大果系果实较大，平均单果重 60 克；小果系果实较小，平均单果重 26.3 克；桂花蒂系平均单果重 40 克。小果系品质比大果系好，可溶性固形物含量最高达 19%，无核或少核；大果系可溶性固形物含量高的可达 13%，种子平均 5 粒；桂花蒂系品质介于两者之间。

南丰蜜橘在长期的栽培过程中选育出了如杨小 2-6（从南丰县杨梅村小果系南丰蜜橘芽变中选出）、石-1 号（从南丰县大堡村大果系南丰蜜橘芽变中选出）、果早 2 号（从南丰县果园一队普通南丰蜜橘芽变中选出）、SS-28（从南丰县市山乡南丰蜜橘芽变中选出）和 SS-7（从南丰县市山乡南丰蜜橘芽变中选出）等优系、优株。

随着消费者对高糖型、小果型柑橘的需求增加，南丰蜜橘及其优系、优株可有计划地发展。

十、砂糖橘

砂糖橘又名十月橘。

1. 品种来历　原产于广东四会，在广东、广西栽培较多。

2. 特征特性　树冠圆头形，树势较强，枝叶稠密，梢细长。果实扁平形或高扁圆形，橘红色，单果重 35～60 克，果皮色泽橙红，皮薄易剥。果实可食率为 70%～75%，果汁率为 50%～58%，可溶性固形物含量为 13%～16%，糖含量为 11%～13%，酸含量为 0.5%～0.7%，果肉橙黄色，肉质柔软、化渣，风味浓甜，无核或少核，品质佳。果实耐贮藏。

3. 适应性及适栽区域　砂糖橘适宜在年平均气温为 21℃～22℃，极端低温不低于－2℃的南、中亚热带气候条件下种植。据资料称，在 0℃～1℃条件下，果实会出现冻害现象，在－3℃～－2℃时，树体会受冻，其抗寒性远不如温州蜜柑。在土层深厚、有机质丰富的冲积沙壤土种植品质优，产量高。

4. 主要物候期 在广西壮族自治区桂林产区，春芽萌动期3月初，春梢生长期3月下旬至4月下旬，夏梢生长期5月中旬至7月下旬，秋梢生长期8月初至9月下旬。花蕾期3月下旬至4月中旬，盛花期4月中下旬，第一次生理落果期5月上旬，第二次生理落果期5月下旬至6月初，果实成熟期11月中下旬。

5. 栽培注意点 热量条件丰富的南亚热带，土壤疏松、肥沃之地种植品质优，产量高。避免混栽而增加种子。因其自花结实率低，春梢多的植株宜抹除1/2～2/3，并采取相应的保果措施。

砂糖橘在长期栽培中，从芽变中选出了不少品种、品系，目前最优的首推无(少)核砂糖橘。此外，华南农业大学园艺系诱变处理获得的四倍体砂糖橘是生产大果型少核种的优良品系，华南农业大学与四会市石狗镇经济实业发展总公司选出的无核砂糖橘优质、丰产，可在适栽区发展。

十一、马 水 橘

1. 品种来历 原产于广东省阳春市马水镇塘岩村，据县志记载明末已有种植，至今有300多年历史。

2. 特征特性 树势健壮，树冠圆头形，枝叶密生。果实扁圆形，果形扁圆或稍高，单果重30～50克，果皮金黄色，皮薄易剥。果肉橙红色，细嫩、化渣，糖高酸低，无核或少核，品质极优。

3. 适应性及适栽区域 适于在广东、广西柑橘产区种植。

4. 主要物候期 春芽萌动期2月下旬至3月初，春梢生长期3月初至4月中旬，夏梢生长期5月初至7月中旬，秋梢生长期8月初至9月下旬。现蕾期3月上旬，盛花期3月下旬至4月上旬，第一次与第二次生理落果期分别为4月中下旬和5月上中旬，果实成熟期为翌年1月底至2月上中旬。

5. 栽培注意点　注意防治第二次生理落果和裂果、落果，以提高产量和果实品质。

十二、明柳甜橘

1. 品种来历　系广东省农业科学院和广东省紫金县科技局等单位，于 1992 年在春甜橘园中发现的一个优良芽变。2006 年通过广东省农作物品种审定委员会审定并命名。

2. 特征特性　树冠圆头形，枝梢粗壮，部分有刺。果实扁圆形，单果重 65～85 克，果面柳纹明显，果皮比春甜橘厚，不易裂果，囊瓣 9～10 瓣，大小形状整齐。果肉橙黄色，果实可食率为 76.3％，可溶性固形物含量为 12.7％，味清甜，无核，品质上乘。

3. 适应性及适栽区域　适于南亚热带冬季无霜冻地区种植。

4. 主要物候期　在广东省四会产区，春芽萌动期 2 月下旬，春梢生长期 3 月初至 4 月中下旬，夏梢生长期 5 月中旬至 6 月初，秋梢生长期 8～9 月份。现蕾期 3 月初，盛花期 3 月末至 4 月初，第一次生理落果期 4 月中旬至 5 月初，第二次生理落果期 5 月中旬至 6 月初，果实成熟期 2 月下旬至 3 月上旬。

5. 栽培注意点　用红橘作砧木较丰产，用酸橘、书田橘作砧木生长稍旺，易成串状结果，应适当疏果。

十三、大　浦

1. 品种来历　日本佐贺县的宫川八重子从山崎早熟温州蜜柑的枝变中选出的特早熟温州蜜柑。20 世纪 80 年代从日本引入我国，各地栽培表现早结果、优质、丰产。

2. 特征特性　树势较宫川早熟温州蜜柑强，是特早熟温州蜜柑中树势强的品系之一。果形扁平，较大，平均单果重 107.9 克。

可食率为82%，果汁率为50%，可溶性固形物含量为9%～10%，糖含量为7%～8%，酸含量为0.5%～0.6%，肉质柔软、化渣，甜酸可口，品质优。

3. 适应性及适栽区域 凡温州蜜柑栽植区均可栽植。

4. 主要物候期 同温州蜜柑。果实成熟期9月底至10月初，云南华宁海拔900～1100米区域热量丰富的河谷地带可在8月初成熟应市。

5. 栽培注意点 加强肥水管理，防止结果过多而出现大小年甚至隔年结果。

十四、日南1号

1. 品种来历 由日本宫崎县日南市的野田明夫从10年生的兴津早熟温州蜜柑的枝变中选出的特早熟温州蜜柑，1997年注册登记。我国20世纪90年代末引入试种、种植，各地表现优质丰产。

2. 特征特性 树势较兴津强，枝叶不太密，节间长，叶片大，树姿与普通温州蜜柑相似。果实扁圆形，平均单果重120克。果实9月中旬开始着色，10月上旬果实成熟，糖含量为8.5%，酸含量为1%以下，甜酸浓，糖含量高，品质好。

3. 适应性及适栽区域 与大浦同。

4. 主要物候期 与大浦同。

5. 栽培注意点 防止结果过多而出现大小年。

十五、大　分

1. 品种来历 1986年日本大分县柑橘试验场选出。我国引入有试种，表现好。

2. 特征特性 树势在特早熟温州蜜柑中属中强，生长发育与普通温州蜜柑相似，树姿开张，枝梢粗细中等，无刺。果实扁圆形，果面比宫本略粗糙，油胞较稀。囊瓣囊衣较厚，糖含量为8%～9%，酸含量为1%，减酸早，口感好。

3. 适应性及适栽区域 与大浦同。

4. 主要物候期 春梢萌芽期3月下旬，盛花期4月下旬至5月初，果实9月下旬至10月初成熟。

5. 栽培注意点 注意疏果，提高优质果率。

十六、大分1号

1. 品种来历 日本从早熟温州蜜柑中选出的特早熟温州蜜柑，我国引种试种表现优质、丰产。

2. 特征特性 树势中等，树冠圆头形，枝梢较密。果实高扁圆形，单果重120～150克，色泽橙红，果肉柔软、多汁，减酸快，可溶性固形物含量为11%，味甜，品质好。

3. 适应性及适栽区域 与大浦同。

4. 主要物候期 与大浦同，果实9月下旬成熟。

5. 栽培注意点 通过疏果来提高果实等级，使连续丰产。枳砧要做好裂皮病的防止。

十七、稻 叶

1. 品种来历 系日本从早熟温州蜜柑中选出的特早熟温州蜜柑，我国引入后，试种表现出结果早、丰产。

2. 特征特性 树冠半开张，较直立，枝条粗而稀，节间略长。果实扁平形，平均单果重155克，大的可达250克，油胞略大，稍光滑，果皮薄，囊瓣10～12瓣。果肉橙红色，汁多，味酸，可溶性固形物含量为 9.7%,最高的可达 13%,品质好。

3. 适应性及适栽区域 适于栽培温州蜜柑之地均可种植。

4. 主要物候期 在福建省邵武产区,春芽萌发期 2 月下旬,春梢生长期 3 月初至 4 月中旬,夏梢生长期 5 月下旬至 6 月下旬,秋梢生长期 8 月初至 9 月中旬。现蕾期 3 月中旬,盛花期 4 月上中旬,第一次生理落果期 4 月下旬至 5 月初,第二次生理落果期 6 月上旬,果实成熟期 9 月上中旬。

5. 栽培注意点 易感染疮痂病、日灼病,注意防治。宜选深厚肥沃之地种植,以增加树体抗性和丰产。

十八、鄂柑 2 号

1. 品种来历 1974—1975 年,湖北省宜都市农业主管部门、红花套镇和华中农学院宜昌分院章文才教授等专家,在该市红花套区光明村枳砧龟井温州蜜柑中选出,后经多年观察多点试验、鉴定,2004 年经湖北省农作物品种审定委员会审定并命名鄂柑 2 号,商品名为光明早。

2. 特征特性 树势较龟井强旺,梢内卷,发芽率高,成枝力中等,新梢柔软。果实扁圆形,果橙红色,平均单果重 139.6 克,可食率在 78%以上,可溶性固形物含量为 12%,酸含量为 0.8%,囊瓣大小均匀,风味浓郁,爽口、化渣,品质佳,贮藏性与龟井同。

3. 适应性及适栽区域 适应性广,较龟井耐寒。温州蜜柑种植之地均可种植。

4. 主要物候期 春梢萌芽期 3 月中旬,春梢生长期 3 月中旬至 4 月中旬,夏梢生长期 5 月上旬至 7 月下旬,秋梢生长期 8 月中旬至 10 月上旬。现蕾期 4 月上旬,盛花期 4 月下旬,第一次生理落果期 5 月上旬,第二次生理落果期 5 月中下旬,果实 10 月上旬成熟。

5. 栽培注意点　树势较龟井旺，种植密度以每 667 米^2 栽 56 株(3 米×4 米)为宜；花芽易分化，注意疏花疏果。

十九、山 下 红

1. 品种来历　原产于日本，系从尾张温州蜜柑的枝变中选出。

2. 特征特性　树势强健，叶片大，叶色浓，枝梢粗壮。果实扁圆形，果橙红色至深红色，单果重 110～130 克。果实可食率为 78%～82%，果汁率为 53%，可溶性固形物含量为 11%～13%，酸含量为 0.6%～0.7%，果肉深红色，细嫩，甜酸适口，品质优。

3. 适应性及适栽区域　与尾张温州蜜柑同。

4. 主要物候期　与尾张温州蜜柑同。

5. 栽培注意点　以枳作砧木，注意防止裂皮病。

二十、新 1 号蕉柑

1. 品种来历　1973 年从广东省潮州市饶平县新塘乡新塘村的蕉柑园中选出。

2. 特征特性　树势健壮，树冠圆头形。果实近球形，端正，单果重 110～130 克，果橙红色，较光滑。可溶性固形物含量为 13.5%，糖含量为 10.5%，酸含量为 1%，肉质柔软、化渣，有微香，品质佳。在较粗放管理条件下能丰产、稳产是其优势。

3. 适应性及适栽区域　适宜在年平均气温为 21℃～22℃，≥10℃的年活动积温 7000℃～8000℃，1 月份平均气温在 12℃以上，极端低温在 0℃以上的地域栽培。我国栽培较多的是广东省潮州、惠州，福建省漳州和贵州省黔南州等地。

4. 主要物候期　在广东省惠州产区，春芽萌发期 1 月下旬至

2月初，春梢生长期2月上旬至4月下旬，夏梢生长期4月底至6月中旬，秋梢生长期7月下旬至10月初，冬梢抽生期10月上中旬。现蕾期2月初，盛花期2月下旬至3月初，第一次生理落果期3月下旬至4月下旬，第二次生理落果期5月上旬至5月中下旬，果实成熟期12月底至翌年1月中下旬。

5. 栽培注意点 适宜在热量条件好的南亚热带和土壤深厚肥沃之地栽培。

二十一、天 草

1. 品种来历 系日本农林省果树试验场口之津分场选出。我国20世纪90年代末引入，各地种植优质、丰产而较快发展。

2. 特征特性 树势中等，幼树树姿稍直立，树冠扩大缓慢，进入结果期后，树姿开张。枝梢较密呈丛状，叶片比温州蜜柑小、细长。果实扁球形，大小整齐，单果重180～220克，果实橙色，果皮油胞大而稀，光滑、薄，兼有克力迈丁和甜橙的香气。果肉橙色，肉质柔软、汁多，囊衣（壁）薄，化渣。可溶性固形物含量为11%～13%，酸含量为1%，品质好。单性结实强，成片种植，果实通常无核。

3. 适应性及适栽区域 适应性广，较脐橙、伊予柑耐寒，较温州蜜柑弱，以枳为砧和用温州蜜柑、椪柑作中间砧高接的亲和性好。一般在亚热带区均可种植，山地、平地种植均能丰产稳产。

4. 主要物候期 在浙江省象山产区，春芽萌发期3月上旬，春梢生长期3月中旬至4月底，夏梢生长期6月上旬至6月下旬，秋梢生长期8月初至8月下旬。现蕾期3月中下旬，盛花期4月底至5月初，第一次生理落果期5月上中旬，第二次生理落果期5月底至6月上中旬，果实成熟期11月下旬至12月上旬。

5. 栽培注意点 天草结果性能好，为提高果品等级和持续稳产，宜采取疏果措施。

二十二、诺　瓦

1. 品种来历　1942年，美国佛罗里达州用克力迈丁红橘与奥兰多橘柚杂交所得，1964年推广。我国20世纪60年代起，多次从美国、西班牙引进，种植后表现优质丰产。

2. 特征特性　树势旺盛，明显具宽皮柑橘特性，但多刺。果实扁圆形，单果重100～120克，果面橙红色，果皮薄而紧包，不易剥离，果较硬。肉质脆嫩，风味浓，糖含量为10%～11%，酸含量为0.6%～0.7%，有单性结实习性，单独栽培时常无核。

3. 适应性及适栽区域　耐寒性强，适应性广，山地、平地种植均能丰产，适于南、中、北亚热带栽培。

4. 主要物候期　在重庆市产区，春芽萌动期3月上旬，春梢生长期3月上旬至4月上旬，夏梢生长期5月底至6月中旬，秋梢生长期8月初至8月下旬。现蕾期3月上旬，盛花期4月中下旬，第一次生理落果期4月底至5月上旬，第二次生理落果期5月下旬至6月上旬，果实成熟期11月下旬至12月上旬。

5. 栽培注意点　宜单独种植，不宜与有核品种混栽而增加种子，加强水分管理，防止干旱，适时采收，以免果实出现粒化。

二十三、橘橙7号

1. 品种来历　系重庆市果树研究所（现重庆市农业科学院果树研究所）从诺瓦杂柑中选出。

2. 特征特性　与诺瓦相似。

3. 适应性及适栽区域　易栽，易丰产，丰产稳产性超过诺瓦。

4. 主要物候期　与诺瓦同。

5. 栽培注意点 与诺瓦同。

二十四、南　香

1. 品种来历 系日本农水省园艺试验场久留米分场口之津试验站选出。20 世纪 90 年代初引入我国，表现丰产、优质。

2. 特征特性 树势中等、直立，结果后开张。枝叶密生，春梢短且硬，多数枝上有刺，但随树龄增大而退化。叶色较浅，冬季易落叶。果实高腰扁球形，平均单果重 130 克，果深橙红色，油胞略大，果顶有突起的小脐，果皮较薄，剥皮较温州蜜柑稍难，不发生浮皮。果肉橙红色，囊衣薄，化渣，肉质稍粗，但经完熟栽培后肉质柔软、多汁，含糖量高，12 月份可溶性固形物含量可达 13%～14%，减酸慢，酸含量为 1%，单性结实强，一般果实无核。

3. 适应性及适栽区域 与天草同。

4. 主要物候期 与天草同。

5. 栽培注意点 丰产性好，注意疏果，以增加优等果比例。冬季气温较低的产地易落叶，选冬暖、避风和肥沃的土壤栽培。

二十五、日　辉

1. 品种来历 系美国用克力迈丁与奥兰多橘柚杂交育成。

2. 特征特性 树势中等，枝梢无刺，叶色深绿。果实高扁圆形，单果重 90～130 克，果实色泽橙至橙红。果皮薄、光滑，透过果皮甚至隐约可见囊瓣，易剥，但易成小块。果肉深橙色，肉质稍粗，可溶性固形物含量为 12%～14%，酸含量为 0.3%～0.4%，果实种子较少，每果 1～2 粒，品质佳。

3. 适应性及适栽区域 与天草同。

4. 主要物候期 与天草同。

5. 栽培注意点　宜单独栽培，以保持少核，对锈壁虱敏感，应加强防治。

二十六、秋　辉

1. 品种来历　系美国用 Bower 橘柚与坦普尔橘橙杂交所得后代中选出。

2. 特征特性　树势中等，枝梢无刺，细密披散，叶片较狭小，叶色较浅。果实阔卵圆形，果肩有放射沟，果面光滑，单果重 230 克左右，皮薄、易剥，果面光滑，色泽橙红。果肉柔软、多汁，橙色至橙红色，风味浓，可食率为 78%，可溶性固形物含量为 12%～14%，酸含量为 0.6%～0.7%，品质好，惟种子较多，每果 30 粒以上，种子单胚。果实较耐贮藏。

3. 适应性及适栽区域　与天草同，较耐寒。

4. 主要物候期　与天草同。

5. 栽培注意点　对蚜虫敏感，应加强防治。

二十七、甜春橘柚

甜春橘柚英文名 Sweet ptring，又名甜泉橘柚。

1. 品种来历　原产于日本，由上田温州蜜柑(母本)与八朔柑(父本)杂交而成。20 世纪末引入我国。

2. 特征特性　树势强健，枝梢抽发量大，树冠形成快，生长势较温州蜜柑、椪柑强，枝梢有少量刺。春、夏、秋梢均可成为结果母枝，强壮的结果枝也可成为翌年的结果母枝，结果枝大多为有叶枝。花量较温州蜜柑少，坐果率高。果实扁圆形，果皮较粗厚，单果重 200～280 克。无核或少核，3～5 粒。果肉橙黄色，味甜爽口，具有橘和柚的香气。可溶性固形物含量为 12%～14%，糖含量为12.8%，酸含量为0.1%～0.2%。

3. 适应性及适栽区域 适应性广，抗逆性强，在土壤较瘠薄、肥水条件较差的山地能正常结果。耐寒性较橙类、椪柑强，耐旱性比温州蜜柑、天草强，结果早，枳砧幼苗定植3年可始果。可种杂柑之地均可种植。

4. 主要物候期 北、中亚热带春芽萌发期3月上旬，夏梢、秋梢抽生分别在6月中下旬与8月上旬。现蕾期3月下旬，初花期4月中旬，盛花期4月下旬，终花期4月底，第一次生理落果期4月下旬至4月底，第二次生理落果期6月上中旬，果实11月中下旬转色，12月上旬成熟。果实耐贮藏。

5. 栽培注意点 为提高坐果率，可结合根外追肥在谢花2/3时喷施赤霉素。

二十八、清　见

1. 品种来历 1949年，日本农水省园艺试验场久留米分场口之津试验站选出。我国引入后各地种植表现优质丰产。

2. 特征特性 树势中等，幼树树姿稍直立，结果后逐渐开张。枝梢细长，易下垂，叶片大小中等，叶缘波状。花小、花柱大，且弯曲，花粉全无。果实扁球形，单果重200～250克，大的可达300克以上，果实整齐度差，果色橙黄，较光滑，剥皮较温州蜜柑稍难。果肉橙色，囊衣薄，肉质柔软、多汁，果皮、果肉具甜橙香气，糖含量为10%～11%，酸含量为1%，果实无核，品质好。

3. 适应性及适栽区域 适应性强，适栽地广，适于在中、南亚热带气候种植，山地、平地栽培一般均能早结果、丰产。

4. 主要物候期 春芽萌发期2月下旬至3月初，春梢生长期3月中旬至4月中旬，夏梢生长期6月上中旬，秋梢生长期8月初至8月下旬。现蕾期3月中旬，盛花期4月上中旬，第一次生理落果期5月上中旬，第二次生理落果期5月下旬至6月上旬，果实成熟期2月底至3月初。

5. 栽培注意点　过晚采收风味、色泽变差，注意及时采收。

二十九、濑户佳

濑户佳又称濑户香。

1. 品种来历　1984年，日本用清见与恩科橘的杂交后代，再与默科特杂交育成。引入我国种植表现丰产优质。

2. 特征特性　树势中等，幼树树姿稍直立，进入结果期后逐渐开张。果实扁圆形，油胞细，果面光滑，橙色至橙红色，果皮薄、易剥，不发生浮皮。果肉橙红色，柔软多汁，有香气，囊衣薄，可溶性固形物含量为13.5%～15%，酸含量为1%，种子3粒以下。丰产优质。

3. 适应性及适栽区域　与清见同。

4. 主要物候期　与清见同。

5. 栽培注意点　单独成片栽培，以免种子增加，适宜冬暖之地种植。

三十、春见

1. 品种来历　1979年，日本用清见与椪柑F-2432杂交育成。引入我国种植表现优质丰产。

2. 特征特性　树冠圆头形，树势较旺。果实扁圆形或高扁圆形，果实橙色，果皮薄、易剥，果实不发生浮皮，单果重200克左右。囊衣薄，肉质柔软多汁，风味浓郁，具椪柑香气，糖含量为12%～13%，酸含量为1%，种子3粒以下，品质上乘。

3. 适应性及适栽区域　与清见同。

4. 主要物候期 与清见同。

5. 栽培注意点 成片、不与有核品种混栽，果实适时采收。

三十一、不知火

1. 品种来历 日本园艺试验场久留米分场口之津试验站选出。

2. 特征特性 以枳作砧木，树势较弱，以温州蜜柑作中间砧树势中等。幼树树姿较直立，进入结果期后逐渐开张，枝梢密生，细而短，刺随树龄长大而消失。果实倒卵形或葫芦形，单果重200～280克，果梗部有凸起短颈，也有无短颈的（扁球形）果形。果皮橙黄色、略粗，易剥、无浮皮。果肉柔软、多汁，囊衣极薄，糖含量为13%～14%，酸含量为1%，有椪柑香气，品质极佳。

3. 适应性及适栽区域 适应性强，适栽区广，可在无严寒的中、南亚热带气候区种植。

4. 主要物候期 与清见同，适宜采收期为2月下旬至3月中下旬。

5. 栽培注意点 用强势的大叶大花枳或红橘作砧木，选暖冬之地种植防冻，结果适度，加强肥水管理，防止树势早衰和出现黄化。

三十二、朱 见

1. 品种来历 由日本杂交育成。我国引入种植后表现好。

2. 特征特性 以红皮山橘作砧木，树势中等或强健，树冠紧凑，呈自然开心形，枝梢直立，无刺，叶色深绿。果实近圆形，果皮光滑，有光泽，油胞密平，果顶微凹，果蒂四周略突起，有放射状沟。囊瓣7～10瓣，肾形，易分瓣，果心空、大，种子多胚、绿色。果肉橙黄色，汁胞柔软、多汁，脆嫩、化渣，甜酸适中，风味较浓，具微香，可溶性固形物含量为12%，糖含量为10.7%，酸含量为1%，少核，与其他品种混栽时种子1～5粒。果实较耐贮藏。

3. 适应性及适栽区域　适应性强，较耐高温、低温，较抗溃疡病，早结果，丰产优质。

4. 主要物候期　在广东省杨村华侨柑橘场，春芽萌发期2月中旬至3月上旬，春梢生长期2月下旬至3月下旬，夏梢生长期4月下旬至7月中下旬，秋梢生长期8月上旬至9月中下旬。现蕾期2月中旬至3月中旬，开花期3月中旬至4月上旬，第一次生理落果期3月下旬至4月下旬，第二次生理落果期4月中旬至5月中旬，果实成熟期11月下旬至12月上旬。

5. 栽培注意点　选水源充足之地建园，及时灌溉，防止秋冬干旱导致树体早衰，疏除小果提高果实整齐度。

三十三、默科特

1. 品种来历　系美国育成的橘与甜橙的杂种，我国从美国、西班牙、澳大利亚和我国台湾省引入，各地种植后表现好。

2. 特征特性　树势旺盛，丛生分枝状树形。叶片狭小，长梢端坐果。果实高扁圆形，果蒂和果顶较平阔，单果重100～130克，果橙黄色，果皮薄，包着紧，剥皮较不易。肉质脆嫩、汁多，糖含量为9.5%～10%，酸含量为0.9%～1.1%，种子10粒以上。

3. 适应性及适栽区域　适应性广，宜在中、南亚热带气候区栽培。

4. 主要物候期　果实1～2月份成熟，延至3月份采收品质仍佳，其余与清见同。

5. 栽培注意点　选冬暖之地种植，疏果适产，防止大小年结果。

三十四、少核默科特

少核默科特又名 W·默科特、W·murcott,或叫 Aforuer。

1. 品种来历 从默科特中选出。

2. 特征特性 树势强,幼树树形直立,结果后逐渐开张。平均单果重 120 克,果扁圆形,果皮红色、鲜艳,薄而光滑,易剥皮。囊瓣为 9～11 瓣,成熟后中心柱空。肉质细嫩、化渣,风味甜浓,果实可食率为 67%,果汁率为 45%,可溶性固形物含量为 12.5%～14%,酸含量为 0.7%～0.8%,品质佳。

3. 适应性及适栽区域 与默科特同。

4. 主要物候期 与默科特同。

5. 栽培注意点 成片、单独种植,以防种子增加。疏果可提高优等果率。冬季遇低温,应在 11 月上旬前喷施保果剂防落果。

三十五、红 玉 柑

1. 品种来历 系浙江省农业科学院柑橘研究所,于 1974 年以黄岩本地早为母本,以刘本橙为父本杂交育成。

2. 特征特性 树势强健,枝梢萌发力强,树姿半开张,枝叶较密。果实高扁圆形,平均单果重 130 克,色泽橙色至橙红色,鲜艳、光滑,剥皮较易,囊瓣平均 11 瓣,易分离。果肉橙红色,肉质脆嫩,汁多,可溶性固形物含量为 12.5%～14.6%,酸含量为 0.8%～1%,种子极少,品质优,果实耐贮藏。

3. 适应性及适栽区域 凡适栽宽皮柑橘之地均可种植,对溃疡病不敏感,疮痂病也较轻。

4. 主要物候期 果实 11 月中下旬成熟,其余与天草同。

5. 栽培注意点 冬季有冻害之地,小树应注意防寒。

三十六、彭祖寿柑

1. 品种来历 系四川省彭山县1992年通过引入日本品种并经选育而成的橘橙杂种。不少产区引种栽培表现丰产优质。

2. 特征特性 树姿直立,生长势旺盛,发枝力强,节间稀,有短刺。叶尖似红橘叶,两侧不对称。花为单花,分有叶花或无叶花。果实扁圆形,平均单果重230.7克,大的可达503克,果面光滑细腻,色泽鲜红,果皮薄、包着紧、较易剥。肉质橙红,细嫩化渣,味纯甜,可溶性固形物含量为12.5%～13.2%,酸含量为0.4%～0.5%,无核或少核(平均0.7粒),品质优。果皮甘甜,芳香无苦味,有金柑味,可食用。果实可留树贮藏至翌年3月份,色泽橙红,味甜,不枯水,不落果。

3. 适应性及适栽区域 抗逆性强,适应性广,适栽宽皮柑橘之地均可种植。

4. 主要物候期 在福建省泉州市产区,春芽萌发期2月下旬,春梢生长期3月上旬至4月上旬,夏梢生长期6月上旬至7月上旬,秋梢生长期7月下旬至9月上旬,现蕾期3月中下旬,盛花期4月下旬,第一次生理落果期5月上旬,第二次生理落果期5月上旬至6月上旬,果实成熟期11月中下旬。

5. 栽培注意点 单独成片栽植,不与有籽品种混栽,以免种子增加。

三十七、早金甜橙

1. 品种来历 原产于美国佛罗里达州,20世纪末引入我国,三峡库区种植表现早结果、丰产。

2. 特征特性 树冠圆头形,较开张,树势中等。果实圆球形或短椭圆形，单果重140～170克，果色橙黄，果皮光滑、较薄。可溶性固形物含量为10%～11%，糖含量为8.5%～9%，酸含量为0.5%～0.7%，种子较少，一般为5～10粒，鲜食和加工橙汁均可。

3. 适应性及适栽区域 适于在中、南亚热带气候区栽植，山地、平地种植均能丰产。

4. 主要物候期 在三峡库区，春芽萌发期2月中下旬，春梢生长期2月下旬至4月上旬，夏梢生长期5月中旬至7月中旬，秋梢生长期8月初至9月中下旬。现蕾期3月初至3月中旬，盛花期4月上中旬，第一次和第二次生理落果期分别为4月下旬至5月上旬与5月下旬至6月下旬，果实成熟期10月底至11月初。

5. 栽培注意点 以枳橙作砧木，结果早、丰产，但耐碱性较差。宜选深厚肥沃的土壤种植，加强肥水管理，以增加大果率。

三十八、早冰橙

1. 品种来历 在1981年，由四川省农业科学院果树研究所（现重庆市农业科学院果树研究所，下同）从品种园早熟甜橙冰糖柑53-31中选出。

2. 特征特性 树势较强健，与冰糖橙相似。果实圆球形，单果重100～140克，果色橙红，果面光滑，果皮较薄。可溶性固形物含量为11%左右，糖含量为9%，酸含量为0.6%，肉质细嫩、化渣，有香气。优质丰产。

3. 适应性及适栽区域 亚热带适宜种甜橙的山地、平地均宜种植。

4. 主要物候期 果实11月上旬成熟，其余与哈姆林甜橙同。

5. 栽培注意点 结果过多宜疏果，以达丰产、稳产。

三十九、北碚 447 锦橙

又名北碚无核锦橙。

1. 品种来历　于 1980 年选自重庆市北碚区歇马乡板栗湾锦橙园，系锦橙的芽变。

2. 特征特性　树势强健，树形同锦橙。果实椭圆形，平均单果重 183 克，果色橙红，果皮光滑、薄。果实可食率为 82.2%，果汁率为 52.2%，可溶性固形物含量为 11%～13%，糖含量为 8.5%～9.5%，酸含量为 0.9%～1%，肉质细嫩、化渣，甜酸适口，种子 1 粒以下，优质丰产。

3. 适应性及适栽区域　适应性广，在中、南亚热带气候区适种，四川、湖北、重庆等地为最适栽之地。系目前推广发展的良种。

4. 主要物候期　春芽萌发期 2 月下旬，春梢生长期 2 月上旬至 4 月中旬，夏梢生长期 5 月中旬至 8 月初，秋梢生长期 8 月上中旬至 9 月上中旬。现蕾期 3 月中旬，盛花期 4 月中旬，第一次生理落果期 4 月下旬至 5 月中旬，第二次生理落果期 5 月上旬至 6 月初，果实成熟期 11 月中下旬。

5. 栽培注意点　pH 高的土壤宜用红橘或资阳香橙作砧木，可克服枳砧缺铁植株叶片黄化的弊端。

四十、渝 红 橙

渝红橙原名红-6-6。

1. 品种来历　1972 年从重庆市北碚区歇马镇松林大队甜橙园中选出，系先锋橙的优良变异。2006 年经重庆市农作物品种审定委员会审定并命名。

2. 特征特性　树形、果形与先锋橙相似，果实较先锋橙大，单果重为180～200克，成熟较先锋橙早15天左右，果皮、果肉橙红色。鲜食、加工皆宜，尤适加工橙汁。

3. 适应性及适栽区域 与北碚447锦橙同。

4. 主要物候期 与北碚447锦橙同。

5. 栽培注意点 与北碚447锦橙同。

四十一、中育7号甜橙

1. 品种来历 系中国农业科学院柑橘研究所用人工诱变方法育成的优良品种，1997年经国家农作物品种审定委员会审定并命名。

2. 特征特性 树势强健，树冠圆头形，发枝力强。果实短椭圆形至椭圆形，单果重170～180克，果形整齐美观，果色橙红、鲜艳，果皮薄。果实可食率为70%～80%，果汁率为55%，可溶性固形物含量为11%～14%，糖含量为9%～10.5%，酸含量为0.7%～0.9%，单果种子1粒左右，果肉脆嫩、化渣，具芳香，甜酸适口，早结果，丰产，品质优。

3. 适应性及适栽区域 与北碚447锦橙同。

4. 主要物候期 与北碚447锦橙同。

5. 栽培注意点 与北碚447锦橙同。

四十二、梨　橙

梨橙又名梨橙2号。

1. 品种来历 于1973年选自四川省巴县(现重庆市巴南区)园艺场锦橙园，系锦橙的芽变优系。2000年重庆市农作物品种审定委员会审定并定名。

2. 特征特性 树势强，树冠圆头形，枝梢长势中等。单果重

225 克左右，果实长椭圆形或长倒卵形，果色橙红，果皮光滑、较薄。果实可食率达 75%以上，果汁率为 54.5%，可溶性固形物含量为 11%～13.5%，糖含量为 8.5%～10%，酸含量为 0.6%～0.8%，肉质细嫩、化渣，甜酸适口，果实种子少，优质、丰产。

3. 适应性及适栽区域 与北碚 447 锦橙同。

4. 主要物候期 与北碚 447 锦橙同。

5. 栽培注意点 与北碚 447 锦橙同。

四十三、无核(少核)雪柑

1. 品种来历 系中国农业科学院柑橘研究所用^{60}Co-γ 射线辐照雪柑结果树的枝条选出的变异优系，经鉴定无核性状遗传性稳定。

2. 特征特性 树势强，树冠圆头形，较开张，枝梢有小刺。果实长椭圆形或短椭圆形。果色橙红，油胞大而突出，平均单果重 230 克。果肉柔软多汁，果实可食率为 70%，果汁率为 55%，可溶性固形物含量为 11%～13%，糖含量为 9%～10%，酸含量为 0.8%～0.9%，种子 0～2 粒，丰产优质。

3. 适应性及适栽区域 在中、南亚热带山地、平地均可种植。

4. 主要物候期 在重庆产区与锦橙同。果实 11 月下旬至 12 月初成熟。

5. 栽培注意点 不与有核品种混栽，以免增加果实种子。

四十四、冰 糖 橙

1. 品种来历 原产于湖南黔阳，系从当地普通甜橙的芽变中选出，为湖南地方良种。

2. 特征特性 树冠圆头形，树势中等，开张，枝条细长而直立。果实圆球形或短椭圆形，单果重 130 克左右，果皮光滑、橙色。果肉浓甜脆嫩、化渣，果实可食率为 75%，果汁率为 55%～58%，可溶性固形物含量为 13%～15%，酸含量为 0.3%～0.5%，少核，品质优，丰产。

3. 适应性及适栽区域 适应性广，一般甜橙适栽之地均能种植。

4. 主要物候期 春芽萌发期 3 月初，春梢生长期 3 月上旬至 4 月上旬，夏梢生长期 4 月上旬至 6 月初，秋梢生长期 8 月初至 9 月中下旬。现蕾期 3 月下旬，盛花期 4 月上中旬，第一次生理落果期 4 月上中旬，第二次生理落果期 5 月下旬至 6 月初，果实成熟期 11 月下旬。

5. 栽培注意点 以枳作砧木，注意防止裂皮病，溃疡病区要注意防溃疡病。

四十五、丰彩暗柳橙

1. 品种来历 系广东省农业科学院果树研究所与广东杨村华侨柑橘场从暗柳橙实生树后代中选出。

2. 特征特性 树势强，树冠丰满。果形同暗柳橙，平均单果重 145 克。糖含量为 10.8%，酸含量为 0.9%，风味浓郁，品质佳，丰产稳产，惟种子较多，每果 13～15 粒。

3. 适应性及适栽区域 适于在年平均气温 19℃～23℃的南亚热带气候区种植。

4. 主要物候期 在广东惠州产区，春芽萌发期 2 月下旬，春梢抽生期 3 月初至 4 月上旬，夏梢抽发期 4 月下旬至 5 月上旬，秋梢抽生期 8 月初至 9 月中下旬。现蕾期 3 月上旬，盛花期 4 月初，第一次生理落果期 4 月上中旬，第二次生理落果期 5 月中下旬，果实成熟期 11 月下旬至 12 月上旬。

5. 栽培注意点 宜以酸橘、红檬檬作砧木，用枳作砧木嫁接不亲和。

四十六、无核(少核)新会橙

1. 品种来历 系中国农业科学院柑橘研究所用^{60}Co-γ射线、电子束辐射新会橙珠心系结果树枝条的芽变，从中选出的优系。

2. 特征特性 树势中等，较开张，树冠半圆头形，果实圆球形或短椭圆形，色泽橙黄，果顶有印环，果皮较薄、光滑。单果重140～160克。肉质脆嫩、化渣，汁较多，味清甜，具清香，果实可食率为75.4%，果汁率在50%以上，可溶性固形物含量为13%～14%，糖含量为11.8%，酸含量为0.9%，种子0～3粒。

3. 适应性及适栽区域 与丰彩暗柳橙同。

4. 主要物候期 在重庆产区，春芽萌动期3月初，春梢生长期3月上旬至4月中旬，夏梢生长期5月中旬至7月下旬，秋梢生长期8月初至9月下旬。现蕾期3月中旬，盛花期4月中旬，第一次生理落果期4月下旬，第二次生理落果期5月中下旬，果实成熟期11月中下旬。

5. 栽培注意点 避免与有核品种混栽，以免果实种子增加。

四十七、特洛维他甜橙

1. 品种来历 原产于美国佛罗里达州。我国20世纪末引入。在三峡库区等地栽培表现早结果，丰产稳产。

2. 特征特性 树冠圆头形，枝梢直立、粗壮，树势强。卡里佐枳橙砧的植株较同一砧木的北碚447锦橙、哈姆林甜橙生长均快。果实圆球形至短椭圆形，果橙黄色至橙色，单果重150～180克。可溶性固形物含量为11%～11.5%，酸含量为0.8%～0.9%，果实种子较少，鲜食、加工皆宜，优质丰产。

3. 适应性及适栽区域　与北碚447锦橙同。

4. 主要物候期　与北碚447锦橙同。

5. 栽培注意点　用于鲜食注意疏果，以提高优果率。

四十八、奥灵达夏橙

1. 品种来历　1939年美国加利福尼亚州从夏橙的实生苗中选出的优变品种，我国引入种植表现丰产稳产、优质。

2. 特征特性　树势强健。果实圆球形，单果重150克左右，果色橙红，果皮较光滑。果肉细嫩，较化渣，甜酸适口，有微香，种子4～5粒，品质好，丰产稳产，为鲜食、加工兼宜品种，是夏橙中综合性状最好的品种。

3. 适应性及适栽区域　适应性广，在冬暖的甜橙适栽之地均可种植，最适在年平均气温18℃～22℃，1月份平均气温10℃～13℃，极端低温＞－3℃的区域种植。

4. 主要物候期　春芽萌发期2月中下旬，春梢生长期2月上旬至4月中旬，夏梢生长期5月上旬至7月中旬，秋梢生长期8月初至9月中下旬。现蕾期2月下旬至3月上旬，盛花期4月上旬至4月下旬，第一次生理落果期4月中旬至5月初，第二次生理落果期5月下旬至6月初，果实成熟期4月底至5月初。

5. 栽培注意点　奥灵达夏橙花量大，且花果并存，应加强肥水管理，冬季防落果，春季气温回升防果实回青。

四十九、德尔塔夏橙

1. 品种来历　原产于南非，20世纪末我国从美国引入种植，表现好。

2. 特征特性 树势健壮，枝梢强旺。果实大，单果重200克以上，果实椭圆形，果皮光滑，橙红色。果实可食率为70%，果汁率为48%，可溶性固形物含量为11%～12%，酸含量为1%～1.2%，无核，以鲜食为主，也可加工果汁。

3. 适应性及适栽区域 与奥灵达夏橙同。

4. 主要物候期 与奥灵达夏橙同。

5. 栽培注意点 与奥灵达夏橙同。

五十、红肉脐橙

红肉脐橙又名卡拉卡拉脐橙，英文名 Cara Cara navel orange。

1. 品种来历 红肉脐橙系秘鲁选育出的华盛顿脐橙芽变优系。20世纪末，我国从美国引进，现在重庆、四川、湖北、浙江等产区有少量种植，均表现出特异的红肉性状。

2. 特征特性 树冠圆头形，树势中等，树冠紧凑，多数性状与华盛顿脐橙相似。叶片偶有细微斑点现象，小枝梢的形成层常显淡红色。果实圆球形，平均单果重190克，果面光滑、深橙色，果皮薄。果实可食率为73.3%，果汁率为44.8%，可溶性固形物含量为11.9%，糖含量为9.07%，酸含量为1.07%。果实成熟后果皮深橙色，果肉在10月份即呈现浅红色，12月中旬成熟后呈均匀红色，色素类型为类胡萝卜素，存在于汁胞壁中，榨出的汁多为橙色。红肉脐橙肉质致密、脆嫩，多汁，风味甜酸爽口，其最大的特色是果实果肉呈均匀红色。可作为鲜食脐橙的花色品种。

红肉脐橙，丰产性较好，坐果多，高接换头3年后株产17.9千克。

3. 适应性及适栽区域 红肉脐橙最适种植的区域：≥10℃年活动积温5500℃～6500℃，果实成熟前的10月底至11月份昼夜温差大的脐橙适栽区，且冬季霜冻或有霜冻出现时间12月底以后或时间短暂的区域适宜种植，长江中上游为适栽区，可适度发展。但热量条件稍逊的地区栽培表现果实偏小，果型大小不整齐。

4. 主要物候期 红肉脐橙在中亚热带气候的湖北秭归产区，春梢生长期（萌芽至自剪）2月下旬至4月上旬，夏梢生长期5月上旬至6月上旬，秋梢生长期8月上旬至9月上旬。现蕾期3月上旬，开花期4月中旬，第一次生理落果期5月上旬至6月上旬，第二次生理落果期6月中下旬，脐黄发生在7月上旬至8月上旬。果实在12月下旬成熟，至翌年1～2月份品质仍好。

5. 栽培注意点 一是选热量条件好的最适区种植。二是因红肉脐橙果实膨大时对水分的亏缺敏感，种植地应水源丰富，以便旱时能及时灌溉。三是注意疏花疏果，避免结果过多，提高大果率和果品商品率。四是花期遇阴雨对红肉脐橙产量影响大，可采取摇树落花，既起到疏花的作用，又能将与幼果粘连的花瓣摇落，防止其霉烂影响坐果或导致果实出现疤痕。五是疏除过密枝，加强通风透光，切忌早采，影响品质。

五十一、奉节脐橙

1. 品种来历 奉节脐橙（奉园72-1脐橙）是1972年从重庆市奉节县园艺场选出的优变品种，其母树1958年引自四川省江津园艺试验站的一株甜橙砧华盛顿脐橙。

2. 特征特性 树势强，树冠半圆头形，稍矮而紧凑。春梢为主要结果母枝，其次是秋梢。果实短椭圆形或圆球形，单果重160～180克，脐中等大或小，果实橙色或橙红色，果皮较薄、光滑。果肉细嫩、化渣，果实可食率达78%以上，果汁率在55%以上，可溶性固形物含量为11%～14.5%，糖含量为9%～11.5%，酸含量为0.7%～0.8%。甜酸适口，风味浓郁，富香气，品质上乘。

3. 适应性及适栽区域　以枳为砧木的奉园72-1脐橙，树冠相对矮化、开张，表现抗旱、耐湿，不易感染脚腐病，但不抗裂皮病，且在碱性土壤中易出现缺铁黄化。以红橘为砧木的嫁接亲和性好，生长强势健，树势较直立，但结果较枳砧晚2年左右，以红橘作砧木抗裂皮病。

奉节脐橙的适应性与华盛顿脐橙相似，以花期和幼果期的空气相对湿度为65％～70％最适，丰产性好。在常规管理条件下，不采取保花保果措施（喷激素），成年树株产可达60千克以上。

4. 主要物候期　奉节脐橙在中亚热带气候的奉节县，春芽萌动期3月上中旬，春梢抽生期3月中旬至4月上旬，春梢自剪期4月上中旬，夏梢抽生期5月下旬至6月中旬，夏梢自剪期6月上旬至7月上旬，秋梢抽生期7月下旬至8月中旬。现蕾期3月中旬至4月中旬，开花期4月下旬至5月上旬，第一次生理落果期5月上中旬，第二次生理落果期5月下旬至6月中旬，果实成熟期11月下旬至12月上旬。

5. 栽培注意点　奉节脐橙喜较低的空气相对湿度，尤以65％～70％的空气相对湿度为适，空气相对湿度达85％及其以上时，要采取保花保果措施。

五十二、奉节晚脐

1. 品种来历　1995年从奉节脐橙中选出的芽变优系，遗传性稳定。

2. 特征特性　树势健壮，树冠圆头形。果实圆球形或短椭圆形，果形整齐，平均单果重200克，脐小，多闭脐，果皮橙黄色至橙红色，较光滑。果实可食率为73.9％，可溶性固形物含量为12.9％，酸含量为0.8％，丰产、品质优。

3. 适应性及适栽区域　与以枳为砧木的奉园72-1脐橙相

比，树冠相对矮化、开张。表现抗旱、耐湿，不易感染脚腐病，但不抗裂皮病，且在碱性土壤中易出现缺铁黄化。以红橘为砧木的嫁接亲和性好，生长势强健，树姿较直立，但结果较枳砧晚2年左右，红橘作砧木，抗裂皮病。

适应性与华盛顿脐橙相似，以花期和幼果期的空气相对湿度为65%～70%最适，丰产性好。在常规管理条件下，不采取保花保果措施（喷激素），成年树株产可达60千克以上。

4. 主要物候期 奉节晚脐在中亚热带气候的奉节产区，春芽萌动期3月上旬至3月中旬，春梢抽生期3月中旬至4月上旬，春梢自剪期4月上旬至4月中旬，现蕾期3月中旬至4月中旬，开花期4月下旬至5月上旬，第一次生理落果期5月上旬至5月中旬，第二次生理落果期5月下旬至6月中旬，夏梢抽生期5月下旬至6月中旬，夏梢自剪期6月上旬至7月上旬，秋梢抽生期7月下旬至8月中旬。果实翌年2月初成熟。

5. 栽培注意点 因成熟晚，挂果期长，更应加强肥水管理，其余与奉节脐橙同。

五十三、福本脐橙

1. 品种来历 又称福本红脐橙，原产于日本和歌山县，为华盛顿脐橙的枝变。1981年我国从日本引进后，在重庆、四川、湖北、湖南、浙江、广西等脐橙产区有少量栽培。

2. 特征特性 树势中等，树姿较开张，树冠圆头形，枝条较粗壮稀疏，叶片长椭圆形，较大而肥厚。果实较大，单果重200～250克，果形短椭圆形或球形，果顶部浑圆，多闭脐，果梗部周围有明显的短放射状沟纹，果面光滑，果色橙红，果皮中等厚，较易剥离。果实可食率为73%，可溶性固形物含量为11%～13%，固酸比为16.3，肉质脆嫩，多汁，风味甜酸适口，富有香气，品质优。福本脐橙在中亚热带气候的重庆，果实于11月中下旬成熟，在热量条件好的南亚热带，可在10月下旬前后成熟上市。

3. 适应性及适栽区域 福本脐橙适宜在气候温暖，雨量较少，空气湿度小，光照条件好，昼夜温差大，又无柑橘溃疡病的地区栽培。适宜的砧木为枳，能早结果、丰产，但不抗裂皮病，碱性土壤上种植易出现缺铁黄化；以红橘作砧木，结果较以枳作砧木晚2年左右，但后期产量较高，抗裂皮病，但不抗脚腐病。

福本脐橙可在我国脐橙适栽区适量种植。

4. 主要物候期 福本脐橙在中亚热带重庆北碚产区，春芽萌动期3月上旬，春梢抽生期3月中下旬，春梢自剪期3月下旬至4月上旬，夏梢抽生期6月中旬，夏梢自剪期7月上中旬，秋梢抽生期8月上旬。第一次生理落果期4月底至5月上旬，第二次生理落果期5月下旬至6月中旬，果实成熟期11月中下旬。

5. 栽培注意点 一是福本脐橙树体发育较慢，树冠相对较小，宜适当密植，以株、行距3米×4米，即每667米^{2}栽56株为宜。二是修剪改善树冠通风透光条件，抑强扶弱，促进花芽分化。三是采取激素保果措施，以提高产量。

五十四、塔罗科血橙

1. 品种来历 原产于意大利。我国引种种植后表现优质丰产。

2. 特征特性 树势中等，树冠呈不太规则的圆头形。果实倒卵形或短椭圆形，果梗部有明显沟纹，平均单果重150克，果色橙红，较光滑。果肉色深，全为紫红色，果肉脆嫩多汁，甜酸适中，香气浓郁，近于无核，品质上乘。

3. 适应性及适栽区域 适应性广，宜在冬暖之地种植，以防果实冻害。

4. 主要物候期 在重庆万州产区，春芽萌发期2月上旬至3月初，春梢生长期3月上旬至4月上旬，夏梢生长期4月下旬至5月中旬，秋梢生长期8月初至9月中下旬。现蕾期3月上中旬，盛花期4月上旬，第一次生理落果期4月中下旬，第二次生理落果期5月上旬至6月初，果实成熟期翌年1月底至2月初。

5. 栽培注意点 控制幼树生长过旺，以利于及时投产。

除上述介绍的血橙外，还有从国外引进的塔罗科血橙新系、摩洛血橙、脐血橙、桑给诺(Samguino)血橙、桑给内诺(Samgunello)血橙、马尔他血橙等，以及国内选出的靖县血橙等，在此不再赘述。

五十五、强德勒红心柚

1. 品种来历 20世纪90年代引自美国，各地种植后表现优质丰产。

2. 特征特性 树势中等，树姿开张，树冠圆头形。果实高扁圆形，果实橙色，单果重800～1500克。果肉带红色，果实可食率为50%，可溶性固形物含量为10%～11.5%，糖含量为7.5%～8.5%，果肉脆嫩、化渣，汁较多，甜酸适口，种子60粒左右，品质佳。

3. 适应性及适栽区域 我国中、南亚热带气候区均适栽培，优质丰产。

4. 主要物候期 在重庆北碚产区，春梢萌发期3月初，春梢生长期3月上旬至4月上旬，夏梢生长期4月底至5月中旬，秋梢生长期8月初至9月中旬。现蕾期3月上中旬，盛花期3月下旬至4月初，第一次生理落果期4月上中旬，第二次生理落果期5月初至6月初，果实成熟期11月初。

5. 栽培注意点 注意配种酸柚作授粉树，以利于丰产稳产。

五十六、红肉蜜柚

1. 品种来历　系福建省农业科学院果树研究所从平和县小溪镇琯溪蜜柚园中的芽变株选育而成。2006 年经福建省农作物品种审定委员会审定。

2. 特征特性　幼树较直立，成年树半开张，树冠半圆头形。果实倒卵圆形，单果重 1200～2350 克，果皮黄绿色，果肩圆尖，偏斜一边，果顶平广，微凹，果皮薄。囊瓣 13～17 瓣，有裂瓣现象，囊瓣粉红色，汁胞红色，果汁多，味酸甜，品质上等。果汁率为 59%。可溶性固形物含量为 11.55%，糖含量为 8.26%，酸含量为 0.74%。

3. 适应性及适栽区域　适宜肥水条件好的地域，尤适肥沃山地种植。

4. 主要物候期　在福建平和低海拔地区，1 年春、夏、秋、冬 4 次抽梢，发芽期分别为 3 月下旬、6 月中旬、7 月下旬及 10 月中旬，始花期 3 月中旬至 3 月下旬初，盛花期 3 月下旬至 4 月上旬，终花期 4 月中旬，果实成熟期 10 月上旬，较琯溪蜜柚早 20～25 天。

5. 栽培注意点　幼树修剪强调“抹芽放梢”，去早留齐，去少留多。为防汁胞粒化，花期忌喷保果剂。

五十七、马叙葡萄柚

葡萄柚是世界四大类柑橘果品之一，产量占世界柑橘总产量的6%～7%，葡萄柚的品种不少，仅我国引入的就有马叙、邓肯、星路比、红马叙等。我国除台湾种植较多外，受热量条件的影响发展缓慢。以下仅简介马叙葡萄柚，又名马叙无核葡萄柚。

1. 品种来历　原产于美国佛罗里达州，系从实生树中选出引入，表现良好。

2. 特征特性 树势中等，树姿开张，枝条微披垂。果实扁圆形或亚球形，单果重300克以上，果色浅黄，果皮光滑较薄。肉质淡黄色，细嫩多汁，甜酸可口，微带苦味，果实可食率为64%～76%，可溶性固形物含量为9.5%～11%，糖含量为7%～7.5%，酸含量为2.1%～2.4%。果实耐贮，既可鲜食，又可加工果汁，风味独特。

3. 适应性及适栽区域 可在热量条件丰富的南亚热带、边缘热带种植。

4. 主要物候期 果实11月中下旬成熟，其余与沙田柚同。

5. 栽培注意点 选热量条件丰富之地种植。

五十八、星路比葡萄柚

1. 品种来历 由美国选出，我国20世纪90年代从美国引入。

2. 特征特性 植株生长势强，树姿开张，枝条密生。果实扁球形，单果重200～300克，成熟时果面黄色。果肉淡粉红色，肉质细嫩多汁，味偏酸、有微苦，可溶性固形物含量为9%～10%，糖含量为6.5%～7.5%，酸含量为1.4%～1.9%，适鲜食和加工果汁。

3. 适应性及适栽区域 可在热量条件丰富的我国南亚热带种植。结果早，丰产性强，种后第三年结果，最高株产15千克。

4. 主要物候期 在广州市海珠区，春芽萌动期2月中下旬，夏梢萌动期5月中旬，秋梢萌动期8月中旬，暖冬冬梢在11月上中旬萌芽。现蕾期2月下旬至3月上旬，初花期3月中旬，谢花期4月上旬。第一次生理落果期在谢花后7～15天，第二次生理落果期5月中下旬。果实12月底开始转色，翌年1月底至2月初成熟。

5. 栽培注意点 结果过多时注意疏果。

五十九、尤力克柠檬

1. 品种来历 原产于美国，可能是意大利品种路纳里奥（Lunario）柠檬的实生变异。我国20世纪20～30年代引入种植表现优质丰产而推广发展。

2. 特征特性 树势中等，树姿开张。枝叶零乱，披散，具小刺。果实椭圆形至倒卵形，顶端有乳突，基部为圆形，平均单果重150克，果淡黄色或黄色。汁多肉脆，味酸，酸含量为7%～8%，糖含量为1.4%～1.5%，香气浓，品质佳。

3. 适应性及适栽区域 适应性广，尤适冬暖夏凉，无冻害的中亚热带气候区种植。

4. 主要物候期 在四川安岳产区，春芽萌动期3月上旬，春梢生长期3月下旬至4月初，夏梢生长期4月初至6月上旬，秋梢生长期8月初至9月中下旬。现蕾期3月上旬，盛花期3月中下旬。第一次生理落果期4月中下旬，第二次生理落果期5月下旬至6月初，果实成熟期11月上中旬。

5. 栽培注意点 栽培注意防流胶病，枳砧柠檬注意防裂皮病。

六十、脆皮金柑

1. 品种来历 系广西从普通金柑中选出的性状稳定的优良新品种。

2. 特征特性 树冠矮生呈半圆形，枝梢发芽力强，呈丛生状，单叶互生。果实长椭圆形或圆形，单果重12～18克。果实可食率为96%，可溶性固形物含量为19%～21.2%，糖含量为15.5%～

17.95%,种子平均2.2粒,果肉浓甜,果皮脆,味甘甜。

3. 适应性及适栽区域 年平均气温18℃,≥10℃年活动积温5500℃~6000℃,极端低温-5℃以上均可种植,丰产性强,品质佳。

4. 主要物候期 四季开花,以开花时间分4批:第一批6月上旬现蕾,下旬盛花期;第二批7月上旬现蕾,中旬盛花;8月份、9月份分别为第三批、第四批。第一批开花的果实11月份开始成熟。

5. 栽培注意点 当年春梢为主要结果母枝,1年能开3~4次花,以第一批花果大,质优,为生产的主要果实。

第二章 特色柑橘无公害栽培关键技术

一、特色柑橘建园

果园的建立应根据特色柑橘的生长习性及其所需要的环境条件，进行园地选择，因地制宜地科学规划，高质量建园，以获得早结果、丰产、稳产和优质。

1. 园地选择 特色柑橘园地应从当地最适宜的生态区域中选择，国家确定的优势区域中应重点发展。

园地选择要考虑温度、光照、水分、土壤等生态因素。园地的水源、交通、电力，周边是否有污染源(工业废气、污水和粉尘等)，距离市场远近也是选择园地的重要条件。

山地建特色柑橘果园，要考虑地形、地势，坡度在20°以下。

2. 园地规划 果园规划设计是否适当，直接影响特色柑橘的优质、丰产、稳产和高效、低耗。规划内容包括：道路、水系、土壤改良、种植分区、防护(风)林和附属设施建设等，其中以道路、水系和土壤改良为规划的重点。

(1)道路系统 道路系统由主干道、支路(机耕道)、便道(人行道)等组成。以主干道、支路为框架，通过其与便道的连接，组成完整的交通运输网络，方便肥料、农药和果实等的运输以及农业机械的出入。

主干道按双车道设计。不靠近公路，果园面积超过66.7公顷的，修建主干道与公路连接。

支路按单车道设计，在视线良好的地段适当设置会车道。果园内支路的密度：原则上果园内任何一点到最近的支路、主干道或公路之间的直线距离不超过150米，特殊地段控制在200米左右。

支路尽量采用闭合线路，并尽可能与村庄相连。主干道、支路的线路走向尽量避开须要修建桥梁、大型涵洞和大型堡坎的地段。

便道（人行道）之间的距离，或便道与支路，便道与主干道或公路之间的距离应根据地形而定，一般控制在果园内任何一点到最近的道路之间的直线距离在75米以下，特殊地段控制在100米左右。行间便道直接设在两行树之间，在株间通过便道的减栽1株树。便道通常采取水平走向或上下直线走向，在坡度较大的路段修建台阶。

相邻便道之间，或相邻便道与支路之间的距离尽量与种植特色柑橘的行距或株距成倍数。

具体设计要求：

①主干道：贯通或环绕全果园，与外界公路相接，可通汽车。路基宽5米，路面宽4米，路肩0.5米，建在适中位置，车道终点设会车场。纵坡不越过5°，最小转弯半径不小于10米；路基要坚固，通常是见硬底后石块垫底，碎石铺路面、碾实，路边设排水沟。

②支路：路基宽4米，路面宽3米，路肩0.5米，最小转弯半径5米，特殊路段3米，纵坡不超过12°，要求碎石铺路，路面泥石结构，碾实。支路与主干道（或公路）相接，路边设排水沟。

支路为单车道，原则上每200米路段增设错车道，错车道位置设在有利地点，满足驾驶员对来车视线的要求。宽6米，有效长度≥10米，错车道也是采果的装车场。

③人行道：路宽1～1.5米，土路路面，也可用石料或砼板铺筑。人行道坡度小于10°，直上直下的为10°～15°，斜着走的为15°以上的按“Z”字形设置。人行道应有排水沟。

④梯面便道：在每台梯地背沟旁修筑，宽0.3米，是同台梯面的管理工作道，与人行道相连。较长的梯地可在适当地段，上、下两台间修筑石梯（石阶）或梯壁工作道，以连通上、下两道梯地，方便上下管理。

⑤水路运输设施：沿江河、湖泊、水库建立基地，应充分利用水路运输。在确定运输线后，还应规划码头数量、规模大小。

(2)水利系统

①灌溉系统：果园灌溉可采用节水灌溉（滴灌、微喷灌）和蓄水灌溉等。

A. 滴灌。滴灌是现代节水灌溉技术，适合在水量不丰裕的柑橘产区采用。水溶性的肥料可结合灌溉施用。但滴灌设施要有统一的管理、维护，规范的操作，不适宜于零星种植的橘园。此外，地形复杂、坡度大、地块零乱的柑橘园安装难度大、投资大、使用管理不便。

滴灌由专门的滴灌公司进行规划设计、安装。

B. 蓄水灌溉。尽量保留（维修）园区内已有的引水设施和蓄水设施。需要新修蓄水池的密度标准：原则上果园的任何一点到最近的取水点之间的直线距离不超过 75 米，特殊地段可适当增大。

根据特色柑橘园需水量，可在果园上方修建若干个大型水库或蓄水池，引水、蓄水，利用落差自流灌溉。各种植区（小区）宜建中、小型水池。根据不同柑橘产区的年降雨量及时间分布，水池以每 667 米^2 建 50～100 米^3 的容积为宜。蓄水池的有效容积一般以 100 米^3 为适，坡度较大的地方，蓄水池的容积可减小。蓄水池的位置一般建在排水沟附近。在上、下排水沟旁的蓄水池，设计时尽量利用蓄水池消能。

为方便零星补充灌水和喷施农药，各类灌溉果园均宜修建3～5 米^3 容积的蓄水池。

C. 灌溉管道（渠）。引水灌溉的应有引水管道或引水渠（沟），主管道应纵横贯穿柑橘园区，连通种植区（小区）水池，安装闸门，以便引水灌溉或接插胶管做人工手持灌溉。

D. 沤肥池。特色柑橘，提倡多施有机肥（绿肥、人畜粪肥等），宜在柑橘园修建沤肥池，一般每 0.33～0.67 公顷建 1 个，有效容积 10～20 米^3 为宜。

特色柑橘园灌溉用水，应以蓄引为主，辅以提水，排灌结合，尽量利用降雨、山水和地下水等无污染水。水源不足时需配电力设施和柴油机抽水，通过库、池、沟(渠)进行灌溉。

②排水系统：平地(水田)特色柑橘园或山地特色柑橘园，都必须有良好的排水系统，以利于柑橘果树正常生长、结果。

平地特色柑橘园的排洪沟、主排水沟、排水沟、厢沟应沟沟相通，形成网络。

山地(丘陵)特色柑橘园，应有排洪沟、排水沟和背沟，并形成网络。

A. 拦洪沟。应在特色柑橘果园上方林带和园地交界处设置拦洪沟，拦洪沟的大小视果园上方集(积)水面积而定。一般沟面宽 1～1.5 米，比降 0.3%～0.5%，以利于将水排入自然排水沟或排洪沟，或引入蓄水池(库)。拦洪沟每隔 5～7 米处筑一土埂，土埂低于沟面 20～30 厘米，以利于蓄水抗旱。

B. 排水沟。在果园的主干道、支路、人行道上侧方，都应修宽、深各 50 厘米的沟渠，以汇集梯地背沟的排水，排出园外，或引入蓄水池，落差大的排水沟应铺设跌水石板，以减少水的冲刷。

C. 背沟。梯地特色柑橘园，每台梯地都在梯地内沿挖宽、深各 20～30 厘米的背沟，每隔 3～5 米留一隔埂，埂面低于台面，或挖宽 30 厘米、深 40 厘米、长 1 米的坑，以利于沉积水土。背沟上端与灌溉渠相通，下端与排水沟相连，连接出口处填一石块，与背沟底部等高。背沟在雨季可排水，在旱季灌水抗旱。

D. 沉沙坑(凼)。除背沟中设置沉沙坑(凼)外，排水沟也应在宽缓处挖筑沉沙坑(凼)，在蓄水池的入口处也应有沉沙坑(凼)，以沉积排水带来的泥土，在冬季挖出培于树下。

(3)土壤改良　不同立地条件的特色柑橘园地有不同改良土

壤的重点：平地、水田的特色柑橘园，土壤改良前要开排水沟，降低地下水位，排除积水。耕作层深度超过 0.5 米的可挖沟筑畦栽培，耕作层深度不足 0.5 米的，应采取壕沟改土。山地特色柑橘园改土的关键是加深土层，保持水土，增加肥力。

①水田改土：可采用深沟筑畦和壕沟改土。

A. 深沟筑畦。也叫筑畦栽培，适用于耕作层深 0.5 米以上的田块(平地)，按行向每隔 9～9.3 米挖 1 条上宽 0.7～1 米、底宽 0.2～0.3 米、深 0.8～1 米的排水沟，形成宽 9 米左右的种植畦，在畦面种植 2 行柑橘，株距 2～3 米。

排水不良的田块，按行向每隔 4～4.3 米挖 1 条上宽 0.7～1 米、底宽 0.2～0.3 米、深 0.8～1 米的排水沟，形成宽 4 米左右的种植畦，在畦中间种植 1 行柑橘，株距 2～3 米。

B. 壕沟改土。适用于耕作层不足 0.5 米深的田块(平地)，壕沟改土每种植行挖宽 1 米、深 0.8 米的定植沟，沟底面再向下挖 0.2 米(只挖松、不起土)，每立方米用杂草、作物秸秆、树枝、农家肥、绿肥等土壤改良材料 30～60 千克(按干重计)，分 3～5 层填入沟内，如有条件，应尽可能采用土、料混填。粗的改土材料应放在底层，细的放中层，每层填土 0.15～0.2 米。回填时，将原来0.6～0.8 米的土壤与粗料混填至 0.6～0.8 米深；原来 0.2～0.4 米的土回填到 0.4～0.6 米深；原来 0～0.2 米的表土回填至 0.2～0.4 米深；原来 0.4～0.6 米的土回填至 0.2～0.4 米深。最后，直到将定植沟填满并高出原地 0.15～0.2 米。

②旱地改土：旱坡地土壤易流失，保水力差，采用挖定植穴(坑)改良土壤。挖穴深度为 0.8～1 米，直径 1.2～1.5 米，要求定植穴不积水。积水的定植穴要通过爆破，穴与穴通缝，或开穴底小排水沟等方法排水。挖定植穴时，将耕作层的土壤放一边，生土放另一边。定植穴回填每立方米有机肥用量和回填方法与壕沟改土同。

③其他改土方法：有爆破法、堆置法和鱼鳞式土台等，此略。

(4)种植区(小区)划分　小区划分应在对园地调查的基础上进行，以有利于水土保持、土壤耕作、排水灌溉、避风防寒，以及交通运输和栽培管理等为出发点，因地制宜地划分。山地、丘陵可按山头或坡向划分小区，小区形状为近带状的长方形，山地小区长边基本为等高线，应随地势向等高方向弯曲。平地(水田)小区的长边，应与有害风向垂直。小区面积视实际情况而定，通常以2～3.33公顷为宜，小区规划仍依地形而定，以利于水土保持。

(5)防护林(防风林)　山地、平地(水田)建立果园都应营造防护林。防护林能改善园区的生态环境，可降低风速，减少地面蒸发，调节温度，提高大气和土壤湿度，防止干旱和冻害，对减缓坡地地表径流等均有良好作用。

(6)附属建筑物　大型的特色柑橘园(基地)应有：办公室、保管室、工具房、包装场、果品贮藏库、抽水房、护果房和养畜(禽)场等附属建筑物。

3. 园地建设　以下简介山地和平地园的建设。

(1)山地果园　山地果园应根据路道、水系的设计进行实施，按土壤改良的要求进行改良。山地果园水土流失是个大问题，应建等高梯田或采取生物护坡的措施。以下介绍等高梯地的修筑。

①测出等高线：测量山地果园可用水准仪、罗盘仪等，也可用目测法确定等高线。先在建园的地域选择具有代表性的坡面，在坡面较整齐的地段大致垂直于水平线的方向自上而下沿山坡定一条基线，并测出此坡的坡度。遇坡面不平整时，可分段测出坡度，取其平均值作为设计坡度。然后根据设计的坡度和实测的坡度计算出坡线距离，按算出的距离分别在基线上定点打桩。定点所打的木桩处即是测设的各条等高线起点。从最高到最低处的等高线用水准仪或罗盘仪等测量相同标高的点，并向左右开展，直至标定整个坡面的等高点，再将各等高点连成一线即为等高线。

对于地形复杂的地段，测出的等高线要做必要的调整。调整原则：当实际坡度大于设计坡度时，等高线密集，即相邻两梯地中线的水平距离变小，应适当调减线；相反，若实际坡度小于设计坡度时，也可适当加线。凸出的地形，填土方小于挖土方，等高线可适当上移。凹入的地形，挖土方小于填土方，等高线可适当下移。地形特别复杂的地段，等高线呈短折状，应根据“大弯就势，小弯取直”的原则加以调整。

在调整后的等高线上打上木桩或画出石灰线，此即为修筑梯地的基线。

②梯地的修筑方法：修筑水平梯地，应从下而上逐台修筑，填挖土方时，内挖外填，边挖边填。筑梯壁时，先在基线上挖 1 米长、0.5 米宽、0.3 米深的内沟，将沟底挖松，取出原坡面上的表土，以便填入的土能与梯壁紧密结合，增强梯壁的牢固度。挖沟筑梯时，应先将沟内表土搁置于上方，再从定植沟取底土筑梯壁（或用石块砌），梯壁内层应层层踩实夯紧。沟挖成后，自内侧挖表土填沟，结合施用有机肥，以便定点栽植。梯壁的倾斜度应根据坡度、梯面宽度和土质综合考虑确定。土质黏重的角度可大一些；反之，则应小一些。通常保持在 60°～70°。梯壁高度以 1 米左右为宜，不然虽能增宽梯面，但费工多，牢固度下降。筑好梯壁即可修整梯面，筑梯埂、挖背沟。梯面应向内倾，即外高内低。对肥力差的梯地，要种植绿肥，施有机肥，进行土壤改良，加深土层，培肥地力。

（2）平地果园　平地果园包括水田、围田、河坝地、旱地等，在这些地段建设果园，需要整修好排灌系统，筑墩培畦。降低地下水位，增厚土层，改善土壤水、肥、气、热条件，做到速排速灌，防涝防旱，有利于正常生长发育。

①修建排灌系统：通常平地园地下水位高，易内涝，排灌不便，因此建园常修建围堤，每 6.7～13.3 公顷为一园，除留交通主道外，土堤两侧挖成深 1 米、宽 2 米的环园水沟，以培高加宽土堤，园

内常采用"非"字形排灌系统，见图 2-1。

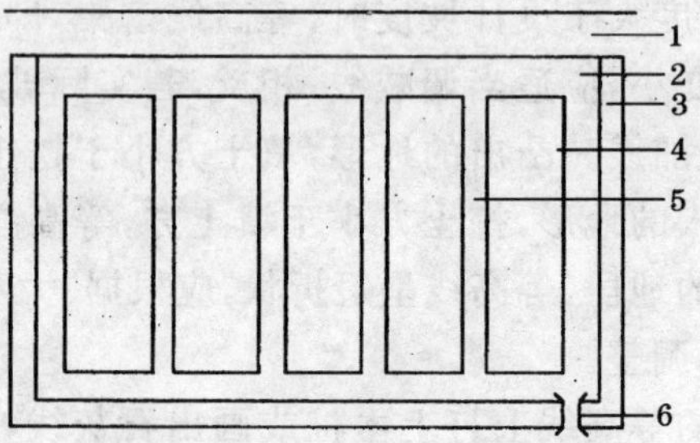

图 2-1 "非"字形排灌系统示意图

1. 主路 2. 环园沟 3. 土堤

4. 畦 5. 排灌沟 6. 水闸

②筑墩培畦：筑墩培畦有高墩式(或深沟高畦式)、低畦浅沟式等。

A. 高墩式(或深沟高畦式)。新建果园冬季进行 2 次深耕，使土壤充分熟化，然后筑墩种植，墩高 0.4～0.5 米，墩底宽 1～1.2 米，墩面宽 0.8～1 米。种植后逐年分次沿墩铺厩肥、土杂肥，埋绿肥和培土，扩大树墩，做到一年筑墩，二年变畦，三年成一畦双行栽植。排水沟逐年加深(常年蓄水)。挖出的泥土用于加厚畦面土层，加深水沟可降低地下水位，增厚柑橘根系生长土层。

B. 低畦浅沟式。地下水位较低而土壤疏松易灌溉的平地，可采用低畦浅沟式建园。秋季开园整地时，全园翻耕碎土，修成矮墩低畦，柑橘苗栽在墩上，以后逐年做成龟背形畦面，每行开 1 条浅沟，平时水沟不蓄水，旱时引水灌溉后即可排出。

二、特色柑橘栽植

1. 栽植方法

(1)密度　种植密度，即栽植的株距和行距。主要根据砧木种类、气候条件、土壤理化性质和肥沃状况、栽培技术水平等来确定。通常种植的株、行距为 3 米×3.5 米～3.5 米×4.5 米，即每 667 米^2 栽 42～63 株，计划密植的一般为 2 米×3 米～2.3 米×3.3 米，每 667 米^2 栽 85～112 株。

(2)时期　春季萌芽以前或每次新梢充实后至下次梢抽发前的这段时间均可栽植。但冬季有冻害地区，通常以早春萌芽前的 3 月份至 4 月初定植为宜。

容器苗全年可以定植，但高温干旱的盛夏、冬季低温会影响苗木成活和以后的生长，最好不栽植。

(3)技　术

①定点挖穴(沟)：依据采用的栽植方式，确定定植点，并挖穴(沟)。

A. 确定栽植点。平地特色柑橘园可先在小区的长边和短边划相互垂直的基线各 2 条，再用测绳拉直定在行距上，用石灰根据测绳上株距的标记撒下栽植穴标记。山地以梯地走向为行向，用标有株距的测绳沿行定点，用石灰标出定植穴位置。

B. 开挖栽植穴。栽植穴要求直径为 1～1.2 米，深 0.8 米。栽植穴(沟)的开挖，秋植应在栽植前 1 个月挖好；春植的最好在头年秋、冬挖好，以利于土壤熟化。梯地的定植穴(沟)位置应在梯面外缘 1/3～2/5 处(中心线外缘)。

②施基肥与回填：定植穴(沟)应施足基肥(见前述土壤改良)。回填穴(沟)的土壤要高出地面至少 15～20 厘米。定植点筑成直径 60 厘米左右的土墩，在土墩上定植苗木，以防土层下沉而埋没苗木的嫁接口。

③栽植方法：分裸根苗与容器苗。

A. 裸根苗。先将苗木稍做修整，剪去受伤的根系和过长的主根，将苗置入穴中，山地梯地栽植，苗的第一主枝向着梯壁外缘方向，栽时前后左右对准或呈整齐的圆弧形，然后用手将须根提起，放一层须根，四周铺平后用细土压实，再放一层根铺平压实，根系不弯曲且要分布均匀，与土壤密接，然后轻踩苗木四周的土壤。最后覆土成墩，再在土墩面上挖一浅沟，灌足定根水。有条件的可覆盖一些干杂草等(主干周围 5 厘米左右不盖)。栽植深度，以嫁接口高出地面 10～15 厘米为宜，不能过浅，以免受旱和被风吹倒。

已假植 1～2 年的大苗种植，应带土团栽植，春植最好。在栽前一年的 9 月份，先按树冠大小，在需带土团大小的边缘用铲切断侧根，并施稀薄肥，以促发新根。固定土球和取苗时土球不松散。种后灌定根水，并覆盖杂草等保湿。

B. 容器苗。栽植前轻拍育苗容器四周，使苗木带土与育苗容器分离。一只手抓住苗木主干的基部，另一只手抓住育苗容器，将柑橘苗轻轻拉出。注意不拉破、散落营养土。栽植时必须扒去四周和底部 1/4 营养土至有根系露出为止，剪掉弯曲部分的根，疏理根部，使根系展开，便于栽植时根系末端与土壤接触，有利于生根。栽后根颈部应稍高出地面，以防土壤下沉后根颈下陷至泥土中，导致生长不良和引发脚腐病。栽后的柑橘苗做一个直径 40～50 厘米的土埂，充分灌足定根水。容器苗栽植见图 2-2。

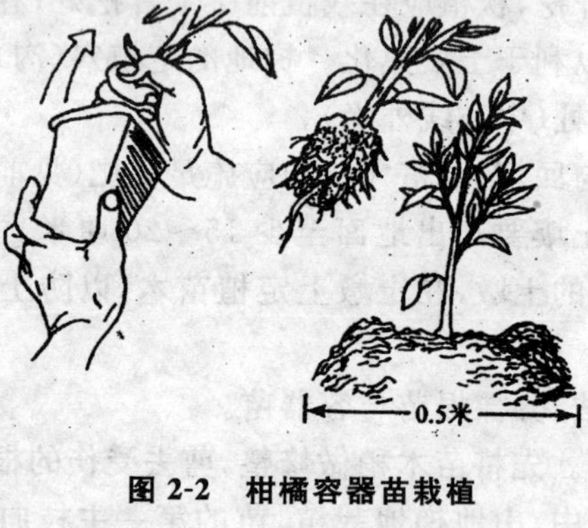

图 2-2　柑橘容器苗栽植

④栽后管理：裸根苗栽后15天左右才能成活，此时土壤干燥，每2～3天应灌1次水(苗木成活前不能追肥)，成活后勤施稀薄液肥，以促根系和新梢生长。

在有风害地区，苗栽后在其旁插杆，用薄膜带打成"∞"形活结，缚住苗木。苗木进入正常生长时摘心，促苗分枝，砧木的萌芽要及时抹除。

2. 栽植方式　特色柑橘的栽植方式应根据地形及栽植后的管理方法确定。如山地特色柑橘园，坡度大，应采取等高梯地带状栽植；平地特色柑橘园则采取长方形、正方形和三角形栽植。

(1)等高栽植　此种栽植方式株距相等，行距即为梯地台面的平均宽度。将柑橘按等高栽植或成带状排列。每667米^{2}栽植株数的计算公式为：667(米^2)/株距(米)×梯面平均宽度(米)。得数是大约数，应加减插行或断行株数。

(2)长方形栽植　行距大于株距，又称宽窄行栽植。这种栽植方式通风透光好，树冠长大后易管理和机械作业。每667米^{2}栽植株数的计算公式为：667(米^2)/株距(米)×行距(米)。

(3)正方形栽植　即株距和行距相等的栽植方式。此种栽植方式在树冠未封行前通风透光较好，但不能用于密植。每667米^{2}种植株数的计算公式为：667(米^2)/(株距)^{2}或(行距)^2(米^2)。

(4)三角形栽植　三角形栽植方式，株距大于行距，各行互相错开而呈三角形排列。每667米^{2}栽植株数的计算公式为：667(米^2)/株距^2(米^2)×0.866。

三、特色柑橘土肥水管理

1. 土壤管理

(1)深翻扩穴，熟化土壤　在原改土大穴或壕沟的外侧挖宽约50厘米、深60～80厘米的扩穴沟，逐年向外扩大。扩穴沟应与原改土穴或壕沟挖通，不留隔墙。在扩穴沟中分层埋入杂草、作物秸秆、厩肥、绿肥等改土材料，若无上述改土材料，则回填熟土，将挖起的生土放在地面熟化。回填的土壤要高出地面20～30厘米。

(2)合理间作　合理间作既可充分利用园地和光能，增加早期经济效益，以短养长，以园养园，又可改良土壤结构，增加土壤有机质，还可以形成生物群体，改善微域生态环境条件，抑制杂草生长，减少蒸发和水土流失。

间作物一般应满足以下条件：需肥水较少，且能与柑橘需肥水的临界期错开；植株低矮，生育期短，根系分布浅不影响柑橘的通风透光；与柑橘无共同病虫害或病虫的中间寄主；能提高土壤肥力，改良土壤结构。据各地经验，最好选用豆类及蔬菜作物。常用的有西瓜、甜瓜等瓜类作物，还可选用草莓、马铃薯等，一般不宜采用深根、高秆耗肥水大的冬瓜、南瓜、红薯，禁种高秆作物，如玉米、高粱、小麦等。

为了使间作物不影响特色柑橘生长，缓和树体与间作物之间争肥水的矛盾，同时便于管理，柑橘与间作物间应留出清耕带。清耕带的宽度一般要求是：1年生树留1米，2～3年生树留1.5～2米。以后随着树冠扩大逐年加宽，至行间仅有1～1.5米时，应停止间作，或只种绿肥作物。

(3)种植绿肥或生草　果园可实行间种绿肥或生草栽培。种植的绿肥或草类应与特色柑橘无共同病虫害或病虫的中间寄主，浅根、矮秆，以豆科植物和禾本科牧草为宜，适时刈割，深埋于土壤中或覆盖于树盘。

①绿肥作物的选择标准：一是适合于当地生长，容易栽培，鲜绿肥产量高，种子繁殖系数大。二是养分丰富，根系发达，改良土壤作用大。三是利用翻压(埋)期符合柑橘果树生长结果需要。四是与柑橘果树争夺肥水的矛盾不大，植株矮或较矮，茎的攀缘缠绕性不强。此外，夏季绿肥作物要求生长迅速，在雨季覆盖度大。至

于柑橘园外种植的绿肥只要求适栽、易栽、产量高，对土壤改良作用大，易留种，繁殖系数大即可。

②宜选用的绿肥作物：可供柑橘产区选择的绿肥作物有箭筈豌豆（又名野豌豆）、豌豆、紫花豌豆、蚕豆、印度豇豆、绿豆、竹豆（土名钥匙豆）、狗爪豆（又名富贵豆）、紫云英（又名红花草）、紫花苜蓿、紫穗槐、柽麻、肥田萝卜（又叫满园花）、黑麦草、红三叶草、白三叶草、藿香蓟、百喜草、日本菁和商陆等。

③绿肥的播种和压埋时期：绿肥有冬季绿肥和夏季绿肥，1 年生绿肥和多年生绿肥，豆科绿肥和禾本科、十字花科绿肥之分。如箭筈豌豆、豌豆、紫花豌豆、蚕豆、紫云英、紫花苜蓿、肥田萝卜、黑麦草等为冬季绿肥作物。印度豇豆、绿豆、竹豆、狗爪豆等为夏季绿肥作物。红三叶草、白三叶草、百喜草、日本菁、商陆为多年生绿肥草本植物。紫穗槐为多年生豆科落叶灌木。

冬季绿肥作物，通常在 10～11 月份播种，立春后植株旺盛生长，孕蕾开花。夏季绿肥作物，一般在春末至夏初播种。多年生绿肥作物，一般种植在绿肥基地，或园边地角或梯壁上，其种后可长期收割，且栽培管理简便、省工。

④生草栽培：果园的生草栽培是果树行间或全园种植多年生草本植物为地面覆盖作物的一种土壤管理方法。果园的生草栽培有 2 类。一类是人工栽培生草，如黑麦草、百喜草、鸭茅草、紫云英等；另一类是利用自然的杂草（铲除高秆、深根的杂草，留浅根矮秆的杂草，让其自然生长）。

目前，采用生草法的柑橘园多是人工种草。一般从春季至秋季，当地温升至 15℃～20℃、土壤水分条件较好时，均可进行播种。一般播种前进行果园灌水，诱发杂草萌发，然后用除草剂灭除杂草，20～30 天后（除草剂失去药效后）再播草种。种草后，要注意消灭其他杂草。生草的最初几个月，最好不刈割，当草根扎深，营养体显著增加后，再开始刈割。

自然生草法是一种简单易行的生草方法。采用自然生草法一般不必在果园内种特定的草种，果园会自然长出各种草来，通过自然的相互竞争和连续刈割最后剩下集中适合当地自然条件的草种，实现生草的目的。这是一种节省投资的办法。

采用生草法的果园，一般当草高20～30厘米时进行刈割，1年刈割6～8次。割下的草多撒于草地上，任其腐烂，或覆盖于果树行内。在开始生草的2～3年里，草、树均增施氮肥为主，每年对果树可进行3～4次根外追肥。生草5～7年后，草逐步老化，应及时翻压，休闲1～2年后，再重新播种。在翻压生草时，为避免果树伤根太多，应尽量浅翻或使用除草剂灭草。在休闲期内，有机物迅速分解，速效氮肥激增，应适当减少或暂停施用氮肥。

果园生草栽培，在树冠滴水线外30厘米以内的土壤应疏松、无草。

(4)覆盖与培土　覆盖是利用绿肥作物、杂草、厩肥或农用薄膜等覆盖在果树周围的一种土壤管理方法，有保温防寒、保湿防旱、防雨免淋和提高产量、品质的作用，也有利于果树根际微生物活动。

覆盖按覆盖的面积大小，常分全园覆盖和树盘覆盖；按季节不同，分全年覆盖和季节覆盖。目前以树盘覆盖、季节性覆盖较多。高温干旱、秋冬季节常用绿肥、稻草等覆盖树盘，后翻入土中，以增加土壤有机质。

培土又称客土，是改良土壤又一种有效方法。通常黏性土园培(客)沙性土；沙性土柑橘园培(客)黏性土。

(5)中耕除草　我国的柑橘果园，大多热量丰富，雨量充沛，杂草速生快长。为有利于土地养分积累和不利于病虫害的滋生，常对无覆盖、无间作物或免耕、半免耕的果园每年进行3～4次的中耕除草，以疏松土地、减少水分蒸发。

2. 肥料管理

(1)肥料的种类　用于柑橘果树的肥料分有机肥和无机肥，还有复合肥以及微生物肥料。

①有机肥：包括人畜禽粪尿、厩肥、麸饼肥、堆肥、绿肥、各种动植物残体做成的肥料、泥肥、沼气液肥和果渣肥等肥料。通常有机肥不能直接被利用，但施入土壤经微生物分解，产生形态简单的各种无机化合物，释放出各种有效态的养分，可为柑橘果树吸收，同时还产生腐殖质。常用的有机肥料有：人粪尿、家畜粪尿与厩肥、麸饼肥、堆肥、绿肥等。

②无机肥：无机肥料种类多，其成分通常是铵、钾、钙、钠等盐基和硝酸、磷酸、碳酸或氯等酸根化合而成的各种无机盐类。有氮肥、磷肥、钾肥、钙肥、镁肥和微量元素肥(微肥)等。

无机肥(化学肥料)易溶于水或弱酸，易被柑橘吸收利用，可提供速效性的氮、磷、钾，肥效快，使用方便。但施用不当会影响植株生长，使土壤变坏(板结)、变酸、变碱。

③复合肥：凡含有氮、磷、钾三要素中2种或2种以上的肥料称复合肥。有化学合成的复合肥，如磷酸铵、磷酸二氢钾等；配合复合肥(包括缓效复合肥)；混成复合肥(包括有机-无机复合肥)。因其施用省工，肥料接触土壤面小，肥效长，且含2～3种元素，十分有利柑橘生长。

④微生物肥料：以特定的微生物菌种培养生产的含活的微生物的肥料。如根瘤菌(剂)肥料、固氮菌(剂)肥料、磷细菌(剂)肥料、抗生菌(剂)肥料等。

(2)施肥原则　施肥应根据柑橘品种(品系)、砧木、土壤、气候、肥料种类和栽植密度等，做到经济科学施肥。

①看树施肥：按不同的柑橘品种(品系)、砧木、树龄、生育期、树势强弱以及不同缺素症等，科学合理施肥。

②看气候施肥：由于气温、雨量等气候因素，不仅直接影响柑

橘根系吸收养分的能力,而且对土壤有机质的分解和养分形态的转化,以及土壤微生物的活动均有大的影响,因此,应结合气候(看天)合理施肥。

③看土施肥:即根据栽培的土壤类型、质地、结构、水分条件、土壤有机质含量、土壤酸碱度和土壤熟化程度等,因土制宜,合理施肥。

④经济施肥:经济施肥即以最低的肥料成本,获得最佳的经济效益。目前最有效的方法是叶片营养诊断为主,结合土壤营养诊断结果所采取的配方施肥。

⑤施肥与其他栽培措施结合:特色柑橘的优质丰产是综合栽培措施的结果。因此,施肥应与熟化改良培肥土壤、耕作、灌溉、整形修剪、保花保果和病虫害防治等措施相结合。

(3)施肥时期

①幼树:1～3 年生未结果的幼树,施肥目的是促使枝梢的速生快长,培养健壮的枝干和良好的骨架,迅速扩大树冠,为早结果、丰产打下基础。因此,施肥以勤施薄施,梢前梢后多施为原则。幼树肥料应以氮肥为主,其次是钾肥,再次是磷肥。苗定植 1 个月后新根开始活动,可开始施稀薄粪尿水或氮肥稀薄液。每次新梢生长前 10～15 天和新根停止生长后各施 1 次速效肥,使幼树 1 年抽生 3 次至 4 次(南亚热带区)健壮的枝梢。若 3 年生树要其始花结果,应重施壮梢肥,促使作为结果母枝的秋梢多而健壮,秋梢老熟后,于 10～11 月份喷施 0.3%磷酸二氢钾溶液,以促进花芽分化。

②初结果树:3～4 年生或 4～5 年生的初结果树,通常以秋前、冬季重施,春肥看花施,夏肥不施为原则,即 11 月下旬起施采后肥,贮备春梢所需的养分,肥料以迟效肥为主。春梢(2 月份)前的春肥,若树势好,又是初结果树,不宜早施、重施,可在开花期视花量施肥,花多则多施,花少则少施或不施。通常 5～6 月份不施肥,以控制夏梢抽生,导致落果严重。秋前施重肥,以促发秋梢,肥

料为速效肥。8～10 月份施 1～2 次速效肥，以壮梢、壮果。

③壮年结果树：此时的树，既要促进树冠扩大，更要保持营养生长与生殖生长的平衡，并使此时期尽可能地长，从而达到优质、丰产、稳产。壮年结果树通常 1 年施 4 次肥，即花前肥、稳果肥、壮果肥和采后肥。

A. 花前肥。此时既要抽发春梢，又要开花。春梢质量和花质好坏直接影响当年产量，春梢质量的优劣，还会影响翌年产量。花前肥在 2 月下旬至 3 月上旬施，肥料以速效肥为主，配合施农家肥。施肥量占全年的 30%。

B. 稳果肥。施肥目的是提高坐果率，控制夏梢抽生。为此，一般 5～6 月份尽量少施或不施氮肥，且通常不进行土壤施肥，而是与保果结合，喷 0.3%尿素或 0.3%磷酸二氢钾溶液，每隔 15 天 1 次，通常 2 次。施肥量占全年的 5%。

C. 壮果肥。此时系果实膨大、抽发秋梢、花芽分化的重要时期，为使果壮、秋梢质量好，花芽分化良好，宜在 7 月上旬至 8 月上旬重施肥料。肥料以速效肥为主，结合施有机肥，施肥量占全年的 35%。

D. 采后肥。为恢复树势，继续促进花芽分化，充实结果母枝，提高越冬能力，为翌年丰产打下基础，采后（也有提早在采前施）及时、重施基肥，肥料以有机肥为主，施肥量占全年的 30%左右。

(4)施肥量　施肥量分根际施肥量和叶面施肥量 2 种。

①根际施肥量：受品种、树龄、结果量、树势、根系吸收肥力、土壤供肥状况、肥料特性以及气候等综合因子的影响。1～3 年生柑橘幼树，以氮肥为主，单株年施纯氮 100～400 克，氮、磷、钾比例以 1∶(0.25～0.3)∶0.5 为宜。

结果树理论施肥量的计算方法的公式：

$$\text{施肥量}=\frac{\text{吸收量}-\text{土壤自然供肥量}}{\text{肥料利用率}}$$

但实际施肥量往往和理论施肥量的值有差异，按 NY/T 5015 要求，以产果 100 千克施纯氮 0.6～0.8 千克，氮、磷、钾比例以1∶(0.4～0.5)∶(0.8～1.0)为宜。生产上可将理论施肥量与当地丰产园的施肥量作比较，并参照树势及产量等制定出施肥标准。

②叶面施肥(根外追肥)量：常作叶面施肥的氮肥有尿素、硫酸铵、硝酸铵，以尿素为好，但要求缩二脲含量在 0.25%以下，不然喷施后会产生叶尖发黄的肥害。磷、钾肥有过磷酸钙、磷酸二氢钾、硫酸钾、硝酸钾，微肥有钼酸铵、硫酸亚铁、硫酸钾、硫酸镁、硼酸、硼砂等，喷布浓度见表 2-1。

表 2-1　叶面施肥(根外追肥)溶液浓度

肥料种类	喷施浓度(%)	肥料种类	喷施浓度(%)
尿　素	0.3～0.5	钼酸铵	0.05～0.1
硫酸铵	0.3	硫酸亚铁	0.1～0.2
硝酸铵	0.3	硫酸锌	0.1～0.3
过磷酸钙浸出液	0.5～1.0	硫酸锰	0.1～0.3
草木灰浸出液	1.0～3.0	硫酸铜	0.01～0.05
硫酸钾	0.3～0.5	硫酸镁	0.1～0.2
高效复合肥	0.2～0.3	硼　砂	0.1～0.2
磷酸二氢钾	0.2～0.3	硼　酸	0.1～0.2

③配方施肥：配方施肥是根据柑橘果树需肥规律、土壤供肥性能和肥料效益，在以有机肥为主的条件下，提出氮、磷、钾和微肥的适宜用量、比例以及相应的施肥技术。与传统经验施肥相比，配方施肥具有定量化施肥的特点和节肥、增效的综合效果，是我国目前推广的一种先进施肥技术。

配方是根据土壤和柑橘果树状况，既要保护地力，又要考虑柑橘的需要提出配方。根据配方，确定肥料品种和用量，合理安排追肥和基肥比例，施用追肥的次数、时间、用量和方法，以发挥肥料的最大增产作用。

一般在生产上，根据特色柑橘的需肥规律，配方施肥可分 3 次进行。第一次为发芽肥，在春季萌发前 1～2 周或春梢转绿时施用，可株施专用肥 1 千克，商品有机肥 2～3 千克。施用过早，吸收困难；施用过迟，抽梢、开花时效果不能及时发挥。以速效氮肥为主，配合施用磷肥。对幼树、衰弱树或坐果率不高的品种，为了促进花芽分化，可适当提早施；反之，在需要控制花量的情况下，可适当延迟。第二次为保果壮果肥。保果肥在第一次生理落果期后 5 月下旬左右施用。壮果肥在停止落果后，7 月底至 8 月上旬施用。一般可选用氮、磷、钾比例为 2∶1∶2 或高钾性专用肥，每株 2 千克。7～9 月份是柑橘果实迅速膨大期，又是秋梢抽生期或花芽开始生理分化的时期，此时施肥具有壮果促梢的作用，对提高当年产量，打下翌年丰产基础的关系极大。保果、壮果肥应氮、磷、钾并重，尤其是壮果肥应提高钾的比例，以促进果实迅速膨大、秋梢抽生。第三次为冬施采果肥。采果前后施用，早熟品种采后施，晚熟品种在采前施用，以恢复树势，提高抗旱力，防止落叶，促进花芽分化，充实结果母枝，是克服大小年结果的有力措施。采果肥在不影响果实“回青”的情况下，以早施为宜。施肥时期一般在 10～11 月份。此时气温下降，导致吸肥力弱，应以有机肥为主，每株施优质有机肥 40～50 千克，配施专用肥 1～1.5 千克。

(5)*施肥方法* 施肥有土壤施肥和叶面施肥（根外追肥）2 种，以土壤施肥为主。根系主要分布在 40～80 厘米深处，施肥的位置应在树冠滴水线外，不能在主干下近主根处，见图 2-3。

①土壤施肥方法有以下几种

A. 环状沟施肥。按树冠大小，以主干为中心，在树冠外缘附近开环状沟，沟的深浅依据根系分布深浅而定，一般深 20～30 厘米，宽 30 厘米。环状沟施肥的优点是省肥、简便易行，但面积小，

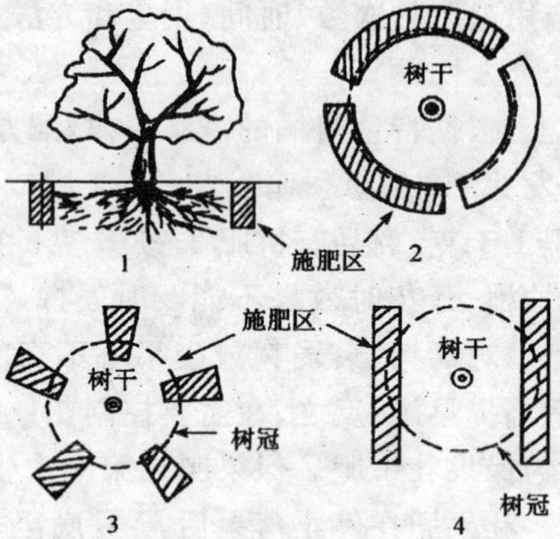

图 2-3　施肥位置示意图

1. 施于滴水线外的土内　2. 环状沟施

3. 放射状沟施　4. 条状沟施

易伤根，常用于幼树施肥。

B. 放射状沟施肥。根据树冠大小，在树盘内挖 4～6 条放射状沟，沟宽 30 厘米左右，靠近主干处宜浅，向外渐深。此法伤根少，隔年或隔次变更施肥部位，以扩大施肥面积。

C. 条状沟施肥。即在树的行间或株间开条状沟，深、宽各 30 厘米左右，施肥后覆土填平。分年在行间、株间轮换开沟，适用于成年柑橘园，尤其是封行的柑橘园施肥。

D. 穴状施肥。在树冠外缘均匀地挖穴 4～8 个，穴深 20～30 厘米，宽 30 厘米，肥料施入穴内，等渗下后再覆土。穴状施肥方法简单，伤根少，但施肥面积小，适用于施液体肥料。

此外，土壤施肥还可全园施肥（撒施），结合灌溉将肥料溶于灌溉水中，然后通过灌溉系统灌水时施肥。

②叶面施肥（根外追肥）：营养元素主要通过叶片上的气孔和角膜层进入叶片，以后再被叶片吸收。

施肥时为节省工时，通常将不同的肥料混合施用，及时满足柑橘生长发育对营养元素的全面需求，常用肥料混合宜忌见图 2-4。

○ 可以混合

● 混合后不宜久放

× 不可混合

		1	2	3	4	5	6	7	8	9	10	11	12	13	14	15	16	17	18	19	20	21	22	23	24
		硫酸铵	硝酸铵	氨水	碳酸氢铵	尿素	石灰氮	氯化铵	过磷酸钙	钙镁磷肥	钢渣磷肥	沉淀磷肥	脱氟磷肥	重过磷酸钙	磷矿粉	硫酸钾	氯化钾	窑灰钾肥	磷酸铵	硝酸磷肥	钾氮混肥	氨化过磷酸钙	草木灰、石灰	粪、尿	新鲜厩肥、堆肥
1	硫酸铵																								
2	硝酸铵	○																							
3	氨　水	×	×																						
4	碳酸氢铵	×	○	×																					
5	尿　素	○	○	×	×																				
6	石灰氮	×	×	×	×	×																			
7	氯化铵	○	●	×	×	○	×																		
8	过磷酸钙	○	●	○	×	○	×	○																	
9	钙镁磷肥	●	●	×	×	○	×	×	×																
10	钢渣磷肥	×	×	×	×	×	×	×	×	○															
11	沉淀磷肥	○	●	×	×	○	×	○	×	○	○														
12	脱氟磷肥	●	●	×	×	○	×	×	×	○	○	○													
13	重过磷酸钙	○	●	○	×	○	×	○	○	×	×	×	×												
14	磷矿粉	○	●	×	×	○	×	○	●	○	○	○	○	●											
15	硫酸钾	○	●	×	×	○	×	○	○	○	○	○	○	○	○										
16	氯化钾	○	●	×	×	●	×	○	○	○	○	○	○	○	○	○									
17	窑灰钾肥	×	×	×	×	×	×	×	×	○	○	○	○	×	○	○	○								
18	磷酸铵	○	●	×	×	○	×	○	○	×	×	×	×	○	×	○	○	×							
19	硝酸磷肥	●	●	×	×	●	×	●	●	×	×	×	×	●	●	●	●	×	●						
20	钾氮混肥	○	●	×	×	○	×	○	○	×	×	×	×	○	●	○	○	×	○	●					
21	氨化过磷酸钙	○	●	×	×	○	×	○	○	×	×	×	×	○	●	○	○	×	○	●	○				
22	草木灰、石灰	×	×	×	×	×	×	×	×	○	○	○	○	×	○	○	○	○	×	×	×	×			
23	粪、尿	○	○	×	×	○	×	○	○	×	×	×	×	○	○	○	○	×	○	○	○	○	×		
24	新鲜厩肥、堆肥	○	×	○	○	○	○	○	○	○	○	○	○	○	○	○	○	○	○	×	○	○	○	○	

图 2-4　常用肥料混合宜忌图

(6)缺素及其矫治

①缺素：叶片营养诊断标准见表 2-2。

表 2-2 叶片营养诊断标准

营养元素	占干物质质量的比例				
	缺乏(少于下列数值)	偏低(在下列数值范围内)	最适(在下列数值范围内)	偏高(在下列数值范围内)	过量(超过下列数值)
氮(%)	2.2	2.2～2.4	2.5～2.7	2.8～3.0	3.1
磷(%)	0.09	0.09～0.11	0.12～0.16	0.17～0.29	0.3
钾(%)	0.7	0.7～1.1	1.2～1.7	1.8～2.3	2.4
钙(%)	1.5	1.5～2.9	3.0～4.5	4.6～6.0	7.0
镁(%)	0.2	0.2～0.29	0.3～0.49	0.5～0.7	0.8
硫(%)	0.14	0.14～0.19	0.2～0.39	0.1～0.6	0.7
硼(毫克/千克)	20	20～35	36～100	101～200	260
铁(毫克/千克)	35	35～49	50～120	130～200	250
锌(毫克/千克)	18	18～24	25～49	50～200	250
铜(毫克/千克)	3.6	3.7～4.9	5～12	13～19	20
锰(毫克/千克)	18	18～24	25～49	50～500	1000
钼(毫克/千克)	0.05	0.06～0.09	0.1～1	2～50	100

②柑橘养分缺乏症状检索:见表 2-3。

表 2-3 柑橘养分缺乏症状检索表

1	症状最初出现于新梢
1.1	叶色均匀
1.1.1	生长衰弱,常呈丛生状
1.1.1.1	新叶淡绿色至黄色,停止生长早 (缺氮)
1.1.1.2	新叶黄绿色至黄色,比缺氮时更黄 (缺硫)
1.1.1. 3	新叶有水渍状斑块,以后成为黄斑,直至变黑 (缺钼)
1.1.1.4	叶色暗绿至古铜色,叶较小,沿中脉有横的皱褶。果实显著变小。炭疽病重 (缺钾)

续表 2-3

1.1.2	生长旺盛
1.1.2.1	叶较大,畸形,中脉呈弓形扭曲。叶色暗绿。丛芽 (缺铜)
1.2	叶脉色深,叶肉色淡
1.2.1	叶小,侧脉间叶肉呈肋状黄化。果小 (缺锌)
1.2.2	叶形和大小近乎正常
1.2.2.1	叶肉淡绿、黄直至白色,仅叶脉呈绿色网纹状。枯枝,须根极少。严重时果呈黄白色 (缺铁)
1.2.2.2	叶肉淡绿、黄绿或花斑,叶脉及其附近叶肉呈暗绿色,网纹比缺铁粗 (缺锰)
1.3	叶脉色淡,叶肉色深
1.3.1	新叶叶脉不转绿,呈黄白色,脉肿、纵向开裂,木栓化。果小呈僵果、皮厚,生理落果重,白皮层有胶状物 (缺硼)
2	症状最初出现于老叶
2.1	叶开始从局部褪绿,渐渐扩及全面
2.1.1	侧脉间叶肉开始褪绿,后扩展至全面,但叶基部呈倒"V"字形暗绿色 (缺镁)
2.1.2	叶缘开始褪绿,渐及叶脉间 (缺钙)
2.1.3	叶脉褪绿、肿突和纵裂,叶肉呈暗绿色 (缺硼)
2.2	叶片全面变色、褪绿
2.2.1	叶片变为淡绿、黄绿直至黄色 (缺氮)
2.2.2	叶暗绿色、古铜色直至橙黄色,严重时有灼伤 (缺磷)

①参考 Camp、Chapman、Parker 等资料,并经修改

特色柑橘缺乏氮、磷、钾、钙、镁、硼等元素时,均易于用施肥矫治,可以说凡注重施用有机肥料的果园,都不易发生这些营养元素的缺乏,还有缓和铁、锰缺乏的作用。强酸性红壤中的铁、铝离子和碱性土中的钙离子会将磷酸离子固定,因此磷肥应与有机肥料混合后深施。缺钾时在花期施用草木灰或硫酸钾,增产效果极显著。施用金光菊或硼渣能矫治缺硼,但硼渣施用过量会引起硼中

毒。缺硼、锰、铜、锌、钼均可用根外追肥矫治。缺铁褪绿症，系由于在碱性条件下，铁离子呈不溶状态所引起，极难矫治，碱性土也不易酸化，最好不用碱性土建园，中性和微碱性土（pH7～7.5）宜用枸头橙、红橘、酸橘、香橙以及柚等砧木，最好不用枳砧。

③氮：氮是柑橘需求量最大的营养元素。通常在特色柑橘生产中都注重施用各种氮肥，但也有部分土壤贫瘠。管理粗放，氮肥补充不及时的柑橘园发生缺氮。

A. 缺氮症状。柑橘生长初期缺氮时，表现为新梢纤细。叶少、小而薄，呈淡绿色至黄色，提早脱落，落花落果明显增加，氮的供应由正常转入缺乏时，往往是下部老叶先发生不同程度的黄化，部分绿叶表现出不规则的黄绿交织的杂斑，后全叶发黄脱落。长期严重缺氮时，植株矮小，新梢少而纤弱，叶均匀黄化，小枝从上至下枯死，开花结果少而小，甚至不结果。

B. 缺氮原因。一是沙质土保肥能力差，雨水多时氮素流失严重。二是柑橘生长量大，结果多时，氮的消耗很大，树体养分贮藏不足，没有及时补充足够的氮肥。三是施用未腐熟的有机肥，或有机质少的土壤一次施用过多的有机肥。四是施用过多的磷肥，或酸性土壤中施用过多的石灰。

C. 矫治方法。一是出现缺氮症状时叶面喷洒0.3%～0.5%尿素溶液，每隔5～7天喷1次，连续2～3次；或土壤补施速效性氮肥。二是根据树体需肥规律合理施肥；加强土壤管理，防止水土流失。

④磷：磷是形成原生质、核酸、细胞核和磷脂等物质的主要成分，参与树体内主要代谢过程，在光合作用、呼吸作用和生殖器官（果实）形成中起重要作用。

A. 缺磷症状。缺磷使新梢生长细弱，叶色失去光泽，严重时呈古铜色或暗绿色，叶尖端或其他部位发生枯焦，成熟叶易过早脱落，尤其在花期仍严重落叶，花芽分化不正常，缺磷果实表面粗糙，果皮增厚,果心大,果汁少,果渣多,酸高糖低,且常出现严重的采前落果。

B. 缺磷原因。土壤中总含磷量低是缺磷的主要原因。此外,含游离石灰土壤、渍水的土壤和酸性土壤,磷的有效性含量均较低。再者是施肥不当,如氮肥、钾肥用量过大也会导致缺磷。

C. 矫治方法。磷在土壤中易被固定,有效性低,因此,矫治采用土壤施肥与根外追肥相结合,无机肥料与有机肥配合施用。钙质土施硫酸铵等可提高磷肥施用的有效性。酸性土施磷肥应与施石灰和有机肥结合。难溶性磷肥如磷矿粉用前宜与有机肥一起堆制,待腐熟后再施用。根外追肥可用0.5%~1%过磷酸钙溶液(浸泡24小时,过滤喷施),或用1%磷酸铵溶液叶面喷施,每隔7~10天喷1次,连续2~3次。土施磷肥,一般株施0.5~1.0千克过磷酸钙或钙、镁、磷肥(酸性土)。

⑤钾:特色柑橘对钾的需求量较大,一般的柑橘园每年都需要有适量的钾肥补充,不及时补充即会导致缺钾。

A. 缺钾症状。特色柑橘缺钾的症状变化较大,一般是老叶的叶尖及叶缘部位先开始黄化,并随缺钾程度的加重,黄化区域向下部扩展。叶片卷缩、畸形,新梢短小细弱。果实小,果皮薄而光滑,易落果和裂果。抗旱、抗病等抗逆能力降低。严重缺钾时,落叶、落果和枯梢大量发生。

B. 缺钾原因。一是沙质土、红壤和冲积土等本身钾的含量较低。二是钾为易于流失的营养元素,特别是沙质土壤或有机质含量低的土壤流失尤其严重。钾的流失导致土壤中代换性钾含量不足和全钾量低。三是成年柑橘园,每年果实采收时要带走较多数量的钾,如长期不施钾肥,会导致土壤中钾的含量不足。四是滨海盐渍土等含钙、镁量高的土壤,由于钙和镁的拮抗作用,使钾的有效性降低。五是缺水不仅使土壤中钾的有效性降低,还增加了对钾的需要量。

C. 矫治方法。一是叶面喷洒0.4%硝酸钾或0.5%氯化钾溶液,视缺钾程度决定喷洒次数。二是每年土施一定量的硫酸钾等钾肥或草木灰等富含钾的农家肥。氯化钾用量大时,氯对柑橘树有毒害作用,成年大树1株每次用量不宜超过0.25千克,初结果树不宜超过0.1千克。三是干旱时及时灌溉。

⑥钙:特色柑橘对钙的需求量较大,但由于在柑橘生产中常施石灰、过磷酸钙、钙镁磷肥及喷含钙的农药等,使柑橘园缺钙的现象并不多见。通常在土壤酸度太高的情况下才易导致缺钙。

A. 缺钙症状。特色柑橘缺钙的症状多于6月份前后出现在春梢上。先为叶尖黄化,继而扩大到上部叶缘,并沿叶缘向下扩展,叶较狭长、畸形。严重时,病叶提前脱落,枝梢枯死。病树开花多,幼果易脱落,坐果率低,成熟果实常畸形、味酸。根系生长细弱,新根数量明显减少。在低钾条件下缺钙,还有可能表现为主脉和侧脉黄化,果实皱缩等症状。

B. 缺钙原因。一是山坡地,或土质差,有机质含量低,在酸性淋溶下钙素流失严重,导致土壤缺钙。大量施用生理酸性的化肥,使土壤酸化,加速钙的流失。二是有机质肥料的施用量少,不仅造成钙的投入量少,也使土壤对钙的吸附性减弱,使其易于流失。三是干旱年份土壤水分不足,氮和其他盐类浓度相应提高,影响根系对钙的吸收,也会发生暂时缺钙。

C. 矫治方法。一是在新叶期喷洒0.3%~0.5%硝酸钙或0.3%磷酸二氢钙溶液,视严重度决定喷洒次数。二是畦面撒施石灰,每公顷500~900千克,或与有机肥混合施用。施后翻耕土壤。三是干旱时及时灌溉。四是避免偏施氮、钾等肥料。

⑦镁:缺镁又称滞黄病,柑橘产区较为常见,秋末以后常引起大量落叶和枯梢,并造成隔年结果。

A. 缺镁症状。镁在植物体内转移较快,缺镁时果实附近的叶片和老叶首先发病,症状也最为明显。发病初期,叶片先沿中脉两侧产生不规则的黄色斑块，渐向两侧扩展，使叶脉间呈肋骨状黄化。后黄斑相互融合，叶片大部分变成黄色，仅中脉及其基部的叶组织保持一块倒"V"字形的绿色区。严重缺镁时，全叶变黄，遇不良条件时容易脱落，落叶枝条常在翌年春天枯死。此病全年均可发生，但以夏末或秋季果实近成熟时发生最多。

B. 缺镁原因。特色柑橘对镁的需要量远大于其他微量元素。引起缺镁的原因主要有：一是酸性土壤和轻沙土中镁很容易流失，使土壤中的代换性镁含量降低，特别是山坡地。二是钾肥施用过多，影响柑橘树对镁的吸收。三是早熟温州蜜柑和一些多核品种容易缺镁。

C. 矫治方法。一是在柑橘生长期喷洒 0.1% 硝酸镁或 0.1%～0.2%硫酸镁溶液，每隔 10～15 天 1 次，连喷 3～5 次。二是酸性土壤缺镁时选用钙镁磷肥，也可施用含镁石灰(每 667 $米^2$ 施50～60 千克)或氧化镁(每 667 $米^2$ 施 10～20 千克)。可灌水湿润土壤后撒施畦面，也可用一定量的水溶解后泼浇。三是增施农家肥料，酸性土壤适当多施石灰。

⑧锌：缺锌又叫斑叶病，在各柑橘产区较为常见，严重时对产量和品质有较大影响。

A. 缺锌症状。新梢上的叶片主侧脉间显现黄色或淡黄色斑点，随严重度增加，黄色斑块扩大，仅主侧脉及其附近为绿色，其余部分均呈黄色或黄绿色。严重时新生叶变小，直立，呈丛生状。新梢纤细，节间缩短，呈直立的矮丛状，随后小枝枯死。果实和根系也变得细弱。一般同一树上向阳部位较荫蔽部位发病重。

B. 缺锌原因。引起柑橘缺锌的因素较多，主要有以下几种情况：一是在酸性土壤中，锌常变为不溶性的化合物，锌离子含量低。二是每年果实采收都要带走一定量的锌，长期种植柑橘的老果园，若未及时补充，土壤中的含锌量会显著下降。三是土壤中有机质含量少，或因土壤中缺镁、缺铜而引起根部腐烂，影响对锌的吸收。四是偏施氮肥，造成植株徒长，则新梢叶片也会出现缺锌症状。

C. 矫治方法。一是在春梢抽发 1/3～2/3 时，叶面喷洒 0.2%～0.3%硫酸锌水溶液(加 1%～2%石灰和 0.1%黏着剂)。也可喷洒 0.1%～0.2%的氧化锌矫治。二是对于微酸性的土壤，也可土施少量硫酸锌。三是因缺镁、缺铜诱致的缺锌，必须同时施用含镁、铜、锌的化合物，才可获得较好效果。四是石灰性土壤可施用硫酸铵、硫酸钾等生理酸性肥料，以减轻缺锌程度。

⑨铁：缺铁是各柑橘产区的常见病之一。盐碱性较重的海涂橘区和石灰性土壤的柑橘产区常出现严重的缺铁症状。造成植株生长不良和严重减产。

A. 缺铁症状。特色柑橘缺铁时首先表现为嫩梢叶片变薄，叶肉发黄，而叶脉仍为绿色。严重时，叶片除主脉保持绿色外，其他部位均变为黄色或白色。叶片易脱落。但老叶通常仍然保持绿色。同时，枝条变得纤弱，当基部大枝上抽发新梢时，上部弱枝逐渐枯死。病树结果少，皮黄，汁少，味淡。柠檬等所结的果实小而硬，皮粗，甚至出现畸形果。从全树看，以树冠外缘向阳部位的新梢叶片黄化较重，树冠内部或荫蔽处黄化较轻。

B. 缺铁原因。一是在碱性或石灰性土壤中，铁被固定为难溶性化合物。二是低温干燥或盐类异常积累影响铁的吸收。三是灌水过勤使可溶性铁化合物流失过多而缺铁。四是磷肥施用过多使吸收到体内的过剩磷与铁化合而在体内固定。五是锰和铜的过剩吸收，使体内铁氧化而失去活性。六是枳等砧木品种对铁的吸收利用能力较差。

C. 矫治方法。一是碱性土壤应多施绿肥、土杂肥等有机肥和酸性肥料。二是靠接铁素吸收率高的砧木，如枸头橙、资阳香橙、红橘和柚等。三是搞好排灌工作，防止旱涝发生。四是在新叶期叶面喷洒 0.2%～0.3%硫酸亚铁溶液，或在树干上打孔，用高压方法注入硫酸亚铁、柠檬酸铁或多价螯合铁或土施绿喜旺等溶液，或截断部分树根，让其吸入硫酸亚铁溶液。五是施专用铁肥。在4月中下旬和7月下旬分别施1次FE-EDDHA合成有机螯合铁肥(叶绿灵)或其他专用铁肥，先将铁肥溶解在水中，后将水灌在树冠的滴水线下。1年生树每次株施FE-EDDHA合成有机螯合铁肥(叶绿灵)1～2克，2年生树每次株施2～3克，3年生树每次株施3～5克，随树龄增大浇灌量增加。

⑩锰：缺锰又叫萎黄病，在柑橘产区，尤其是浙江、福建、广东等省常有发生，但由于严重缺锰造成柑橘枝枯、叶落的现象却很少见。

A. 缺锰症状。叶片中脉和侧脉及其附近组织绿色，其余部分黄绿色。与缺锌病的主要区别是：缺锌叶片的褪绿部分颜色很黄，而缺锰的褪绿部分则带有绿色；缺锌的嫩叶小而狭，而缺锰的叶片则大小和形状基本正常；缺锌的老叶症状较不明显，缺锰的老叶则明显表现症状。严重缺锰时，叶片早期脱落，新梢生长受到抑制，乃至枯死。

B. 缺锰原因。一是酸性或沙性土壤有效锰易流失。二是石灰性紫色土和滨海盐土等碱性土壤锰以不溶态存在。有效态锰含量低。三是土壤干旱造成有效态锰缺乏。

C. 矫治方法。一是在生长期喷洒0.2%～0.3%硫酸锰加1%～2%生石灰混合液，或用0.3%硫酸锰加0.3波美度石硫合剂喷洒。二是对于酸性土壤的柑橘园，可将硫酸锰混在肥料中施用。如在冬季穴施有机肥时混入硫酸锰，每667米^{2}可用3.3～4千克。

柠檬对硫酸锰较为敏感，喷洒次数不宜过多，浓度不宜太高。

⑪钼：钼参与硝酸还原酸的构成，能促进硝酸还原，有利于硝态氮的吸收。

A. 缺钼症状。在夏季萌发的新叶叶脉间显出水渍状小病斑，在叶脉两边略呈平行状排列。叶渐成长，病斑扩大。在叶表面其病斑呈显著黄色。病斑边缘渐成正常绿色，最后病斑变成褐色。在叶背面，病斑处自最初的油绿褐色至最后的锈褐色。叶表面的病斑光滑，叶背面病斑处稍肿起，且满布胶质。严重时会引起落叶。

B. 缺钼原因。强酸性红壤柑橘园，钼被土壤固定，土壤中磷不足时，钼的吸收率降低。硫酸盐肥料施用过多，钼的吸收被抑制，容易发生缺钼。

C. 矫治方法。叶面喷施 0.01%～0.1%钼酸铵或钼酸钠溶液，一般在抽梢后的新叶期或幼果期进行喷施，以喷湿为度。

⑫硼：缺硼是各柑橘产区的常见病之一，尤其是新建的特色柑橘园更甚，严重时可引起大量落果，对产量有较大影响。

A. 缺硼症状。老叶叶脉肿大，主、侧脉木栓化，严重时开裂。叶肉有暗褐色斑点，严重时融成片。叶片较厚，无光泽，向后卷曲。嫩叶出现黄色不定型的水渍状斑点，有时在叶背主脉基部有黑色水渍状斑点，叶片扭曲。严重时叶片大量脱落，枝条枯死。花畸形，柱头外露。幼果果皮呈现乳白色微凸小斑，严重时出现下陷的黑斑，呈凹凸不平的畸形果。中果皮和果心陆续出现褐色的胶状物，严重时大量落果。残留的果实小而坚硬，果面起瘤，果汁少，种子败育。

B. 缺硼原因。一是黄红壤的丘陵山地，土壤酸性强，有机质含量少，有效硼含量低。二是土壤含钙量过多或施用石灰过多，使水溶性硼含量降低。三是雨水多的山地，或常遭洪水淹没的溪河两岸冲积洲地，土壤中的有效硼被淋洗。四是在夏、秋季干旱，灌溉条件差，土壤干裂时，柑橘根系对硼的吸收困难。五是酸橙砧或实生树等对硼的吸收能力较弱。

C. 矫治方法。一是在春梢期和盛花期各喷 1 次 0.1%硼砂或硼酸加 0.3%尿素溶液，严重缺硼时，还应在幼果期及壮果期再加喷 1 次。二是也可在春季用上述硼砂溶液灌施土壤，但切勿施硼过多或连续多次施用。轻度缺硼的柑橘园，每 667 米^2 施硼砂量控制在 0.33～0.6 千克。严重缺硼时，每 667 米^2 施硼砂控制在 1.33 千克左右。三是及时抗旱排涝，多施有机肥，种植含硼丰富的金光菊作绿肥。

⑬铜：铜是某些酶的组成部分。铜与叶绿素结合，可防止叶绿素被破坏。

A. 缺铜症状。缺铜初期叶片大，叶色暗绿，新梢常软，略带弯曲，呈“S”形；严重时，嫩叶先端形成茶褐色坏死，后沿叶缘下发展使整叶枯死，在其下发生短弱丛枝，并易枯枝，早落叶和爆皮流胶，到枝条老熟时，伤口呈现红褐色。缺铜症在果实上出现以果梗为中心的红褐色锈斑，有时布满全果，果实变小，果心有胶，果汁少。

B. 缺铜原因。缺铜主要发生在淋溶的酸性沙土、石灰性沙土和泥炭土中。此外，施磷、氮过多，也会导致缺铜；酸性土壤可溶性铝的增加也会使土壤缺铜。

C. 矫治方法。缺铜较少见，出现缺铜症状时可用 0.01％～0.02％硫酸铜液喷施叶片，每隔 10 天喷 1 次，连续喷 1～2 次即可。注意在高温季节喷施浓度和用量不能过大，以防灼伤叶片；用等量式或倍量式波尔多液喷施效果也好，但夏季浓度不能过高。

⑭用指示植物诊断柑橘营养元素缺乏

A. 氮素缺乏。指示植物为甘蓝、花椰菜。症状表现：生长衰弱，发育不良，叶片上挺，色淡。后期叶片渐呈黄色、橙色、紫色，并且自下而上地早期脱落。

B. 磷素缺乏。指示植物为油菜。症状表现为生长衰弱，发育不良，茎秆纤细，叶片常有深紫色，后期为黄色至紫色。叶片自下而上地早期脱落。

C. 钾素缺乏。指示植物为马铃薯、蚕豆。症状表现为马铃薯叶片青绿色，叶脉颜色浓淡不匀，初期叶片背面有斑点，叶尖及叶边缘有焦枯症状，严重时全株萎缩。茎秆早期枯死。蚕豆表现节间缩短，叶缘呈黑褐色焦枯。

D. 钙缺乏。指示植物为甘蓝、花椰菜。症状表现为幼小植株叶片有失绿斑，叶片边缘白化。成长植株中心叶片的边缘焦枯，并向内侧卷曲，严重时叶内部分产生坏死斑至生长点枯死。

E. 铁缺乏。指示植物为甘蓝、马铃薯。症状表现为叶片发生失绿斑，后逐渐白化。马铃薯叶片还向上卷曲。

F. 硼缺乏。指示植物为油菜、甜菜。症状表现为幼叶枯死，顶端小叶畸形，老叶无光泽，萎缩开裂。有时有焦枯斑点，叶柄向下弯曲，根先端黑褐色。

3. 水分管理

(1)灌水

①需水特点：根据特色柑橘的需水特点，全年可分为下列4个时期。

A. 萌芽期至坐果期。此期正值新梢生长和开花坐果，需要较多的水分供应。而江南正值梅雨季节，一般不用灌水，相反对于园地低洼或地下水位高的特色柑橘园还需及时开沟排水，以免引起涝害。在其他地区因高温引起干旱时需及时灌溉，以增加湿度，降低温度，保证柑橘果实生长发育正常。

B. 果实膨大期。此期正值特色柑橘果实迅速膨大，秋梢萌发生长，需水量大的时期，而又适逢南方7～9月份的高温干旱季节，因此必须及时灌溉，以满足果实的生长发育，减少裂果发生，促进秋梢萌发生长。

C. 果实成熟期。此期土壤可略干燥，有利于提高果实品质，同时也有利于秋梢及时停止生长和促进花芽分化。当大干旱时，还需灌水，但水分不宜过多，否则会造成果实浮皮，风味变淡，耐贮性降低。

D. 采果后至翌年萌芽前。此期特色柑橘已近于停止生长，加之气温、土温低，蒸发量少，树体需水量也小。但如遇秋、冬干旱，可能引起落叶，降低树体抗寒性，此时应适当灌水。

②灌溉时期：一般通过测定土壤含水量来确定具体的灌水日期。当土壤含水量低于最大持水量的60%时即需灌溉。土壤含水量可进行测定，用以下公式进行计算。灌溉水＝667×土壤容重×根系深度×[0.8×(田间最大持水量－灌前土壤含水量)]（$米^3$/667 $米^2$）。也可以根据经验判断是否需要灌溉。例如，对壤土和沙土，可取距地表20厘米的耕作层土壤，如果用手紧握能形成土团，在挤压时土团不易碎裂，则说明土壤湿度约在最大持水量的50%以上，一般不必灌水；如果手松开后不能形成土团，则说明土壤湿度太低，需要灌水。如果土壤为沙壤土，捏时能形成土团，轻轻挤压时容易产生裂缝，则表明水分含量少，需进行灌溉。也可凭眼观看，在阴天叶片出现卷曲，说明土壤较干燥，需要灌水。高温干旱天气，卷曲的叶片傍晚不能及时恢复正常，应立即灌水。

③灌溉方法：常用的灌溉方法有以下几种。

A. 沟灌。又称浸灌，在园内行间开沟，并与灌水渠道相连，灌溉水经沟底、沟壁渗入土中。此法土壤浸湿较均匀，并可与排水结合，雨季沟排，旱季沟灌，果园较常用。

B. 浸灌。即在园地分区筑埂，引水入园。此法耗水大，破坏土壤结构，不宜采用。

C. 盘灌。即在树冠投影范围内的土面做土埂围成树盘，采用人力排灌或引水皮管浇灌，灌后覆盖，以减少蒸发。此法用水较经济，但灌水范围小，且土壤易板结。幼龄果园可采用。

D. 穴灌。即在树冠投影下的外缘地面挖灌水穴8～12个，穴深、宽30厘米左右，以不伤粗根为原则。此法用水经济，土壤不易板结，可结合施速效液肥，在缺水之地采用。

E. 喷灌。系采用动力、水泵、输水管道及喷头等机械设备，将蓄水池的灌溉水喷到园地空中成为细水滴落到地面的灌溉方式。

此法可控制喷水量和均匀性，水分损失少，可节约用水，可减少对土壤结构受破坏和肥力流失，调节园内小气候、节省劳力、减轻劳动强度等优点。喷灌有高头喷灌和低头喷灌以及固定式喷灌和移动式喷灌等。

F. 滴灌。即以水滴或小水流缓慢地渗入根区的灌溉方法。优点是节水，经常均匀维持土壤湿度，保持土壤良好的通气性，并可结合追施速效肥。缺点是投资大，择地形，需科学管护。

④防旱与抗旱：干旱是指两次降水过程之间，由于大气干燥和土壤水分大量减少，导致柑橘植株缺水的现象。需要防旱、抗旱。措施是深翻土壤、中耕除草、覆盖、培土、营造防风林、降低地下水位引根深入、树干刷白和及时灌水等措施。

⑤排水：水多同样影响特色柑橘生长发育，一旦受涝，要及时排水。受涝害的柑橘应采取及时开排水沟、松土；扒土晾根，促使水分尽快蒸发，视天气 1～3 天覆土；叶面喷施 0.3%尿素和加 0.1%～0.2%矿质微肥促根，根际施稀薄肥，促新根生长；及时剪除枯枝、弱枝、病枝；防止病害，尤其是炭疽病的危害。

四、特色柑橘的整形修剪

1. 整形修剪目的　一是培养牢固的树冠骨架和丰产树形。二是调节生长与结果的关系，改善通风透光条件，达到内外均衡结果、立体结果和提高果实品质。三是更新枝群，矫正大小年结果现象，延长果树的经济寿命。四是控制树冠，方便管理，提高树体抗逆性，减少病虫害的发生。

2. 整形修剪方法　整形修剪常用的方法有短剪（截、切）、疏剪、回缩、抹芽放梢、摘心和撑、拉、吊枝等。

(1)短剪（截、切）　短剪又称短截、短切，即剪去 1 年生枝的一部分的修剪方法（多年生枝也有）。短剪的目的是刺激剪口下的芽萌发，以抽生健壮的新梢。

(2)疏剪　疏剪又称疏删或删疏，是指从枝条基部剪除的修剪方法。疏剪可刺激留下的枝梢加粗、加长生长，改善通风透光条件，增强光合作用，有利于花芽分化，提高坐果率和增进果实品质。疏剪一般剪去干枯枝、病虫枝、过密枝、交叉枝、衰弱枝和不能利用的徒长枝等。

(3)回缩　回缩是从分枝处剪除多年生枝的修剪方法。回缩常用于大枝顶端衰退或树冠外密内空的成年树或衰老树，以更新树冠大枝。通过回缩达到改善树冠内部光照，增强树势的目的。

(4)抹芽、放梢　抹芽在夏秋梢长至1～2厘米时进行，将不需要的嫩芽抹除称抹芽。抹芽的作用是节省养分，改善光照条件，提高坐果率；或利于枝梢整齐抽生而便于对病虫害的防治，尤其是潜叶蛾的防治。

放梢即经多次抹芽后不再抹芽，让众多的芽同时抽生。

(5)摘心　当新梢长到一定长度，未木质化以前，用手摘去嫩梢顶部称摘心。摘心的目的因时期不同而异。如7月份对幼树的夏梢主枝延长枝、旺长枝和徒长枝摘心是为了促进分枝抽发，增加分枝级数，加速树冠形成；10月初对长梢摘心是为了使枝梢充实，有利于花芽分化。

(6)撑、拉、吊枝　撑、拉、吊枝是特色柑橘树整形修剪的辅助性措施，常在固定枝体，改变枝梢生长方向和加大分枝角度时采用。其作用是加大分枝角度，减缓生长势，改善光照条件和促进花芽分化。

3. 整形修剪时期　不同的产区，整形修剪的时期也不同。无冻害地区可在果实采收后结合果园清园进行修剪；有冻害危险的产区，宜在春季解冻至春梢萌动前修剪。通常分冬春修剪和夏季修剪。

(1)冬春修剪　冬春修剪是指采果后直至春梢萌发前进行的

修剪。冬春修剪可调节树体养分分配，恢复树势，协调营养生长与结果的比例，使翌年抽生健壮的春梢，花器发育充实。需要更新的老树、弱树，也可在春季枝梢萌芽前回缩修剪，将衰老枝及时剪除，对衰弱枝进行处理，以减少养分消耗和改善光照条件。

(2)夏季修剪　对幼树夏季修剪的主要目的是整形；对成年结果树夏季修剪的主要目的是控制枝梢生长势，促进果实生长发育。夏季修剪一般以抹芽、摘心和短剪为主，以减少养分消耗，提高坐果率。

4. 幼树的整形

(1)主干培育　干高以 20～30 厘米为宜，当苗木抽发夏梢后，从 30～40 厘米高处短剪。在南亚热带产区，短剪后发 3～5 条夏梢，再进行摘心，可抽秋梢，即二级分枝；在中亚热带和北亚热带产区多数只能抽 3～5 条秋梢。南亚热带抽发的晚夏梢和中、北亚热带抽发的秋梢，均是柑橘将来的主枝。

(2)主枝的培养

①摘心和短剪：每次抽发夏梢、秋梢后及时摘心，冬季修剪短剪，只留 10 片叶左右。经摘心短剪后，多数会发生双叉分枝，多余的枝梢会变成弱枝。若不行摘心和短剪处理，则会使骨干枝长而软，结果后易折断和披垂重叠而落叶、落果。经 2～4 年的处理，便可形成 12～20 个副主枝。在结果前一年，对最后一段秋梢不再摘心和短剪，待结果后再回缩。

②拉枝：春梢抽发未成熟前，将幼苗的分枝拉开，使主枝的分枝角在 50°～60°。撑枝、拉枝、吊枝和缚枝，见图 2-5。

③抹芽：经拉枝后，树冠上部的春梢会抽出夏梢而形成上强下弱的树冠，为此，应将先萌发的夏梢抹去，每 3～4 天抹 1 次，连续抹多次，待下部春梢已萌发夏梢并抽枝后，顶部芽再抹 1～2 次，再让其抽枝，这样才会形成比较平衡的主枝。

④疏梢：易抽生顶端枝梢，应采取疏梢，疏去过密的枝梢和两

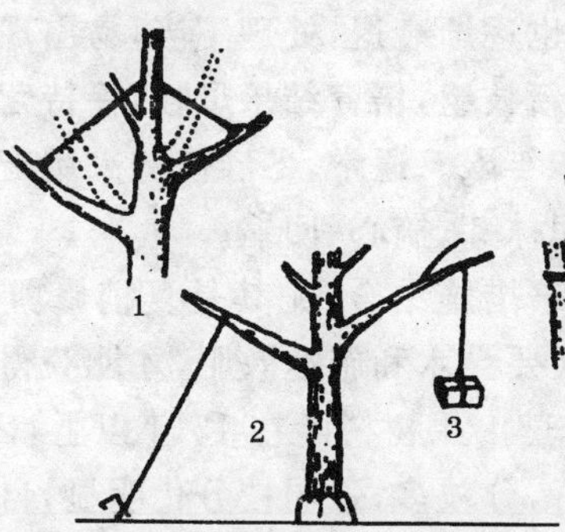

图 2-5　撑枝、拉枝、吊枝和缚枝示意图

1. 撑枝　2. 拉枝　3. 吊枝　4. 缚枝

梢中间的夹心梢，对一个芽眼中同时抽发的两条以上的枝梢，只选留一条中等生长势的枝梢。疏梢一般是留强去弱，疏去分枝角度小的直立梢，选留角度开张的梢，这样可使枝梢呈倾斜生长，树冠开张，分布适度，有利于结果和树冠培养。2～3 年生幼树，要有健壮的秋梢 100～200 条，才能保证早结丰产。

5. 幼树修剪　投产前的幼树，主要是整形。修剪仅在整形的基础上做适度修剪，主要是对主枝延长枝进行短剪或疏剪，修剪量宜轻，尽可能保留枝梢作辅养枝。

6. 初结果树修剪　从开始结果至盛果期前的树称为初结果树(定植后 4～8 年)。此时，树冠仍在缓慢扩大，生长势仍较强，为了尽快培养丰产树冠，修剪上除以轻剪为主，继续整形外，还要及时缩剪衰退枝组，防止枝梢过早衰退，注意培育良好的结果母枝，保证产量逐年递增。

7. 盛果期树修剪　初结果期结束至衰退期出现前的树为盛果期树。盛果期树营养生长和生殖生长趋于平衡，树冠上下、内外结果，产量逐年增加。经几年丰产后，树势转弱，较少抽生夏、秋梢；枝组大量结果后，也逐渐衰退，处理不当，易出现大小年。此时修剪的主要目的是更新枝组，培育结果母枝，保持营养枝和结果枝适宜的比例，延长丰产年限。通常，冬春修剪采用疏剪和回缩修剪相结合，夏季修剪采用抹芽、摘心、回缩。

修剪要与其他栽培措施结合，尤其是夏梢修剪必须结合肥水管理，修剪前 7～10 天要灌水和施速效肥，才能获得好的效果。

8. 衰老树更新修剪　果树树龄在 15 年以上，因树大，分枝级数升高，树冠交叉封行，分枝多，强弱枝分化明显，自下而上出现层层枯死，形成外密内空，叶幕薄，末级分枝多而短，坐果率低，产量下降。但柑橘各部位隐芽多，短剪后易发壮梢，在加强肥水管理和防治病虫害的基础上，可根据不同树势进行更新，以恢复树势和产量。

根据树势衰退的程度不同，可采取轮换更新、骨干枝更新和主枝更新。

五、特色柑橘花果管理

1. 促花保果　促花保果宜采取以下措施：

(1)施肥控水促进花芽分化　11 月上中旬花芽形成前，施腐熟的有机肥；花芽分化开始时适当控水，以提高树体细胞液浓度，有利于花芽分化。肥料要用经沤制腐熟的麸枯(饼)或猪牛栏粪土施，也可叶面喷施 0.3％磷酸二氢钾或 1％复合肥溶液 2～3 次。

(2)增加叶片数，保叶过冬　通常是叶多果多。所以，栽培上培养健壮的树势，增加叶片数、防止落叶，有利于花芽分化和提高产量。夏秋干旱，会导致不正常落叶，要及时灌水或覆盖。冬季有冻害产区要防寒保叶，果实采收前后要施有机肥，以恢复树势，同时做好病虫害的防治。

(3)调控花量，提高花质　对开花会过多的树，在花芽分化前增施氮肥，以调减花量，提高花质。此外，合理修剪、疏去过弱和部分过多的花枝，也可调减花量。

(4)巧施追肥，促花保果　春梢生长、开花时消耗大量的养分，而未转绿的新叶所制造的碳水化合物，仅够自身生长，至谢花时，叶片所含的氮、磷已很少。故可在现蕾前 15 天左右，施氮肥为主的促花肥，谢花后适当施磷、钾肥，以利于减少落果和果实的正常发育。但施肥不能多，以不引起夏梢抽生为度。常采取因树施肥，即结果少的树少施或不施，结果多的树适宜施。

春梢转绿期喷施 0.3%～0.5%尿素溶液，可促春梢转绿；7 月上中旬重施有机肥，以壮果促秋梢；开花至幼果脱落期，遇阴雨绵绵，根际无法及时施肥的可叶面施肥。

(5)控制夏梢，调节梢果矛盾　夏梢抽生，会导致大量落果，因此，此时在栽培上用控肥的办法抑制早夏梢。除谢花后因树施肥外，对已萌发的夏梢要及时抹除。

(6)使用植物生长调节剂、微肥调控　据华南农业大学许建楷等 1987 年试验，10 月中旬柑橘秋梢转绿老熟期，用 500 毫克/千克的 P_{333}(多效唑)喷布树冠中上部的全部秋梢，至滴水为止，翌年这些秋梢的花量为对照的 211%。应注意的是 P_{333} 对柑橘生长有抑制作用，不能在弱树上使用。谢花 3/4 时喷布 50 毫克/千克赤霉素加 0.3%～0.5%尿素或 0.2%磷酸二氢钾或 0.15%硼砂溶液，隔 15 天再喷 1 次(0.15%硼砂可改为 0.15%～0.25%硫酸镁)提高柑橘坐果率明显。禁止使用无公害柑橘栽培禁用的2,4-D等植物生长调节剂。

2. 疏花疏果　疏花疏果可以达到提高坐果率、改善果实品质、提高树体产量的目的。

疏花的原则是去零留整，疏弱留壮，去头去尾留中间。疏花同时可结合疏去少数过旺营养春梢。疏花(花序)在大部分花蕾有绿豆大小时进行，疏去结果母枝上顶部和尾部的花(花序)，保留中部健壮花（花序），同时疏去零星花（花序）；适当疏去纤弱春梢和结果母枝上的无花春梢，对直立春梢可提早摘心。

疏果先是在第一次生理落果期后，第二次生理落果期前进行，主要是疏除小果、病果、畸形果，每个结果枝留 2～3 个果；然后是在第二次生理落果期后定果。一般每个结果枝保留 1～2 个果。一般情况下，各品种的适宜叶果比为脐橙（50～60）∶1，普通甜橙（40～50）∶1，早熟温州蜜柑（30～35）∶1，中晚熟温州蜜柑（20～25）∶1，椪柑（60～70）∶1，柚（200～300）∶1，树势衰弱的品种可适当加大叶果比。

3. 果实套袋

（1）套袋的作用　果实套袋是近年来推广的新技术之一。即将果实从幼果期就套上特制的纸袋直至采收。它可保证果实的质量品位，提高商品果档次，套袋有以下作用：一是防止夏秋高温引起的日灼果形成。二是防止枝叶、杂草摩擦形成风癣果（花皮果）。三是防止果实病虫危害。四是改善果皮色泽及提高光洁度。五是防止果皮农药、粉尘污染。六是提高果实可溶性固形物含量，增加果实风味。七是减少农药用量，降低生产成本，提高果实商品率及果品价位，增加果农收入。八是较好地防止果实受伤，增强果品耐贮性，延长果品货架期。

（2）套袋技术

①套袋时间：果实套袋宜在高温季节来临、第二次生理落果期基本结束、大小果分明时的 6 月中下旬进行，切忌超过 7 月中旬。

②果袋选择：选择正规厂家生产的透气性、透光性和抗湿性好，质地均匀，蜡质好的白色或黄色单层专用纸袋，果袋大小根据品种而定。

③园地选择：一般品质较差的品种或管理差、郁闭的柑橘园不宜套袋，否则易出现套袋柑橘不好看、不好吃的情况。

④套袋方法

A. 套袋前的准备。套袋前全园喷1～2次防治炭疽病、溃疡病(疫区)、锈壁虱、蚧类和螨类等病虫害的农药，如多菌灵、溴菌腈、农用链霉素等农药，忌用对果面伤害大的含铜农药和机油乳剂等农药，以免在果面上形成斑痕或药迹，影响果实外观。套袋与疏果相结合，套袋前应严格进行疏果，疏除病虫果、畸形果、密生小果、粗皮大果、机械损伤果等。疏果应在第二次生理落果期结束后，根据叶果比进行。

B. 套袋方法。套袋时，先撑开袋口，托起袋底，让袋底通气排水口张开，将幼果套入袋内，袋口紧缚在生果梗的枝上，收紧袋口，勿使袋口呈喇叭状，以免病虫进入和雨水药液流入袋内污染果实，最后用袋子的铁丝卡捆紧袋口。套袋时一定要把袋口封严，但不要过分用力，以防损伤果柄，影响幼果生长。套完后用手往上托一下袋底中部，使全袋膨起来，两底角的通气排水口张开，让幼果悬空，不与袋壁贴附。套袋顺序为先上后下，先内后外，上下左右内外均匀分布开。就一个果园或一株树而言，要套就全套，不能半套半留。如套袋面积大，时间过长，则需每隔3天左右喷药防治一片，套袋一片，否则易出现病虫于袋内危害果实，这是柑橘套袋技术成败的关键。

⑤套袋配套技术：套袋技术必须与其他技术相配合，才能发挥最好效果。春季要做好大枝修剪，开张矮化树冠，增施饼肥等有机肥，干旱时期要及时灌水，以保证果实正常发育。

第三章 特色柑橘病虫害无公害防治技术

一、特色柑橘病害无公害防治技术

1. 裂皮病 裂皮病是世界性的柑橘病毒病害，对感病砧木的植株可造成严重的危害。

(1)分布和症状 裂皮病在我国柑橘产区的枳砧上有发生，以枳作砧木的表现症状明显。通常病树表现为砧木部树皮纵裂，严重时树皮剥落，有时树皮下有少量胶质，植株矮化，有的出现落叶枯枝，新梢短而少。

(2)病原 由病毒引起，是一种没有蛋白质外壳的游离低分子核酸。

(3)发病规律 病原通过汁液传播。除远距离通过带病接穗或苗木传播外，在柑橘园主要通过工具(枝剪、果剪、嫁接刀、锯等)所带病树汁液与健康株接触而传播。此外，田间植株枝梢、叶片互相接触也可由伤口传播。

(4)防治方法 一是用指示植物—伊特洛香橼亚利桑那 861 品系鉴定出无病母树进行嫁接。二是用茎尖嫁接培育脱毒苗。三是将枝剪、果剪、嫁接刀等工具，用 10%漂白粉液消毒(浸泡 1 分钟)后，用清水冲洗后再用。四是选用耐病砧木，如红橘、椪柑。五是一旦园内发现有个别病株，应及时挖除、烧毁。

2. 黄龙病 又名黄梢病，系国内、外植物检疫对象。

(1)分布和症状 在我国广东、广西、福建的南部、台湾、海南等地的柑橘产区普遍发生；在云南、贵州、四川、湖南、江西、浙江等地的部分柑橘产区也有发现。

黄龙病的典型症状有黄梢型和黄斑型，其次是缺素型。该病发病之初，病树顶部或外围 1～2 枝或多枝新梢叶片不转绿而呈均匀的黄化，称为黄梢型。多出现在初发病树和夏秋梢上，叶片呈均匀的淡黄绿色，且极易脱落。有的叶片转绿后，从主、侧脉附近或叶片基部沿叶缘出现黄绿相间的不均匀斑块，称黄斑型。黄斑型在春、夏、秋梢病枝上均有。病树进入中、后期，叶片均匀黄化，先失去光泽，叶脉凸出，木栓化，硬脆而脱落。重病树开花多，结果少，果实小而畸形，病叶少，叶片主、侧脉绿色，其脉间叶肉呈淡黄色或黄色，类似缺锌、锰、铁等微量元素的症状，称为缺素型。病树严重时根系腐烂，直至整株死亡。

果实上表现为不完全着色，仅在果蒂部与部分果顶部着色，其余均为绿色，果形表现为蒂部大、顶部大、腰凹小的"哑铃形"高圆果。果实极度变小。

(2)*病原*　由类细菌危害所致，它对四环素和青霉素等抗生素以及湿热处理较为敏感。

(3)*发病规律*　病原通过带病接穗和苗木进行远距离传播。果园内传播系柑橘木虱所为。幼树感病，成年树较耐病，春梢发病轻，夏、秋梢发病重。

(4)*防治方法*　一是严格实行检疫，严禁从病区引进苗木、接穗和果实。二是一旦发现病株，及时挖除、烧毁，以防蔓延。三是通过指示植物鉴定或茎尖嫁接脱除病原后建立无病母本园。四是砧木种子和接穗用 49℃热湿空气处理 50 分钟或用 1000 毫克/千克的盐酸四环素或盐酸土霉素溶液处理 2 小时，或 500 毫克/千克溶液浸泡 3 小时后取出用清水冲洗。五是隔离种植，选隔离条件好的地域建立苗圃或柑橘园，严防柑橘木虱。六是严防媒介昆虫柑橘木虱。在控肥、控梢、集中放梢的前提下，新梢抽发长 1～2 厘米时，全面喷药 1～2 次防治，药剂可选用 40%乐果乳油 800 倍液,或20%氰戊菊酯乳油1500～2000倍液。七是对初发病的结果树,用1000毫克/千克的盐酸四环素或青霉素注射树干,有一定的防治效果。

3. 溃疡病 溃疡病是柑橘的细菌性病害,为国内、外植物检疫对象。

(1)分布和症状 在我国柑橘产区均有发生,以东南沿海各地为多。该病危害柑橘嫩梢、嫩叶和幼果。叶片发病开始在叶背出现针尖大的淡黄色或暗绿色油渍状斑点,后扩大成灰褐色近圆形病斑。病斑穿透叶片正反两面并隆起,且叶背隆起较叶面明显,中央呈火山口状开裂,木栓化,周围有黄褐色晕圈。枝梢上的病斑与叶片上的病斑相似,但较叶片上的更为凸起,有的病斑环绕枝一圈使枝枯死。果实上的病斑与叶片上的病斑相似,但病斑更大,木栓化凸起更显著,中央火山口状开裂更明显。溃疡病的病叶、病枝、病原细菌和病果见图3-1。

(2)病原 由野油菜黄单胞杆菌柑橘致病变种引起,已知有A、B、C 3个菌系。我国柑橘溃疡病属A菌系,即致病性强的亚洲菌系。

(3)发病规律 病菌在病组织上越冬,借风、雨、昆虫和枝叶接触作近距离传播,远距离传播由苗木、接穗和果实引起。病菌从伤口、气孔和皮孔等处侵入。夏梢和幼果受害严重,秋梢次之,春梢轻。气温为25℃～30℃和多雨、大风条件会使溃疡病盛发,感染7～10天即发病。苗木和幼树受害重,甜橙和幼嫩组织易感病,老熟和成熟的果实不易感病。

(4)防治方法 一是严格实行植物检疫,严禁带病苗、接穗、果实进入无病区,一旦发现,立即彻底销毁。二是建立无病苗圃,培育无病苗。三是加强栽培管理,彻底清除病原。增施有机肥、钾肥,搞好树盘覆盖;在采果后及时剪除溃疡病枝,清除地面落叶、病果,及时烧毁;老枝梢上有病斑的,用利刀削除病斑,深达木质部,

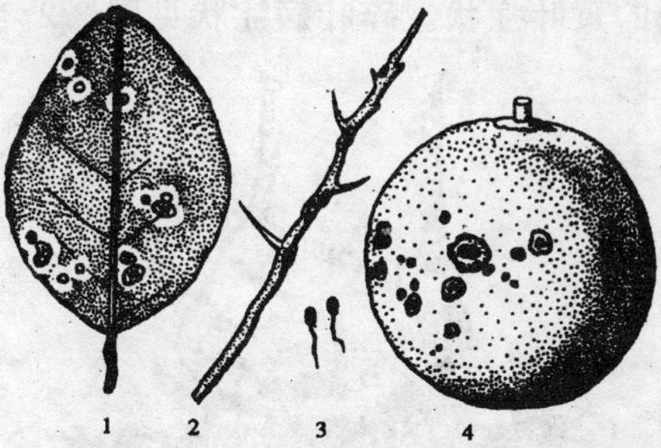

图 3-1　溃疡病

1. 病叶　2. 病枝　3. 病原细菌　4. 病果

并涂上 3～5 波美度石硫合剂，树冠喷 0.8～1 波美度石硫合剂1～2 次；"霜降"前全园翻耕、株间深翻 15～30 厘米，树盘内深翻10～15 厘米，在翻耕前每 667 $米^2$ 地面撒熟石灰(红黄壤酸性土)100～150 千克。四是加强对潜叶蛾等害虫的防治，夏、秋梢采取人工抹芽放梢，以减少潜叶蛾为害伤口而加重溃疡病。五是药剂防治，杀虫剂和杀菌剂轮换使用，保护幼果在谢花后喷 2～3 次药，每隔7～10 天喷 1 次，药剂可选用 30%氧氯化铜悬浮剂 700 倍液；在夏、秋梢新梢萌动至芽长 2 厘米左右时，选用 0.5%等量式波尔多液、40%氢氧化铜可湿性粉剂 600 倍液、72%农用链霉素 3000 倍液、25%噻枯唑乳油 500～800 倍液喷施。注意药剂每年最多使用次数和安全间隔期，如氢氧化铜和氧氯化铜，每年最多使用 5 次，安全间隔期为 30 天。

4. 碎叶病

(1)*分布和症状*　在我国四川、重庆、广东、广西、浙江和湖南等产区有发生。其症状是病树砧穗结合处环缢，接口以上的接穗肿大。叶脉黄化，植株矮化，剥开结合部的树皮，可见砧穗木质部间有一圈缢缩线，此处易断裂，裂面光滑。严重时叶片黄化，类似环剥过重出现的黄叶症状。碎叶病症状见图 3-2。

图 3-2 碎叶病

(2)病原　由碎叶病毒引起,是一种短线状病毒。

(3)发病规律　枳橙砧上感病后有明显症状。该病除了可由带病苗木和接穗传播外,在田间还可通过污染的刀、剪等工具传播。

(4)防治方法　一是严格实行植物检疫,严禁带病苗木、接穗、果实进入无病区,一旦发现,立即烧毁。二是建立无病苗圃,培育无病毒苗。无病毒母株(苗)可通过指示植物鉴定,选择无病毒母树,或热处理消毒,获得无病毒母株。三是对刀、剪等工具,用10%漂白粉溶液进行消毒后,用清水冲洗后再用。四是对已受碎叶病侵染的枳砧,嫁接部出现障碍的植株,采用靠接耐病的红橘砧,可恢复树势,但此法在该病零星发生时不宜采用。五是一旦发现零星病株,应挖除、烧毁。

5. 疮痂病

(1)分布和症状　柑橘产区均有发生,以沿海的柑橘产区为多。主要危害嫩叶、嫩梢、花器、幼果等。其症状表现为叶片上的病斑，初期为水渍状褐色小圆点，后扩大为黄色木栓化病斑。病斑多在叶背呈圆锥形凸起，正面凹下。病斑相连后使叶片扭曲畸形。新梢上的病斑与叶片上相似，但凸起不如叶片上明显。花瓣受害后很快凋落。病果受害处初为褐色小斑，后扩大为黄褐色圆锥形木栓化瘤状突起，呈散生或聚生状。严重时果实小、果皮厚、果味酸而且出现畸形和早落现象。

(2)*病原* 为疮痂病菌，属半知菌亚门痂圆孢属的柑橘疮痂圆孢菌。

(3)*发病规律* 以菌丝体在病组织中越冬。翌年春阴雨潮湿，气温达15℃以上时，便产生分生孢子，借风、雨和昆虫传播。危害幼嫩组织，尤以未展开的嫩叶和幼果最易感染。

(4)*防治方法* 一是在冬季剪除并烧毁病枝叶，消灭越冬病原。二是加强肥水管理，促枝梢抽生整齐健壮。三是春梢新芽萌动至芽长2厘米前及谢花2/3时喷药，隔10～15天再喷1次，秋梢发病地区也需保护。药剂可选用0.5%等量式波尔多液，或50%多菌灵可湿性粉剂1000倍液，或50%甲基硫菌灵可湿性粉剂500～800倍液，或30%氧氯化铜悬浮剂600～800倍液，或77%氢氧化铜可湿性粉剂400～600倍液。

6. 脚腐病

(1)*分布和症状* 又叫裙腐病、烂蔸病，是一种根颈病。我国柑橘产区均有发生。其症状病部呈不规则的黄褐色水渍状腐烂，有酒精味，天气潮湿时病部常流出胶液；干燥时病部变硬结成块，以后扩展到形成层，甚至木质部。病健部界线明显，最后皮层干燥翘裂，木质部裸露。在高温多雨季节，病斑不断向纵横扩展，沿主干向上蔓延，可延长达30厘米，向下可蔓延至根系，引起主、侧根腐烂；当病斑向四周扩散，可使根颈部树皮全部腐烂，形成环割而导致植株死亡。病害蔓延过程中，与根颈部位相对应的树冠，叶片小，叶片中、侧脉呈深黄色，以后全叶变黄脱落，且使落叶枝干枯，病树死亡。当年或前一年开花结果多，但果小，提前转黄，且味酸易脱落。

(2)病原　已明确系由疫霉菌引起，也有认为是疫霉菌和镰刀菌复合传染。

(3)发病规律　病菌以菌丝体在病组织中越冬，也可随病残体在土中越冬。靠雨水传播，田间4～9月份均可发病，但以7～8月份最盛。高温、高湿、土壤排水不良、园内间种高秆作物、种植密度过大、树冠郁闭、树皮损伤和嫁接口过低等均利于发病。甜橙砧感病，枳砧耐病，幼树发病轻，大树尤其是衰老树发病重。

(4)防治方法　一是选用枳、红橘等耐病砧木，并适当提高嫁接口位置。二是栽植时，苗木的嫁接口露出土面，以减轻发病。三是加强栽培管理，土壤改良，开沟排水，改善土壤通透性，注意间作物及栽植密度，保持园地通风，光照良好等。四是对发病的植株，选用枳砧靠接，重病树适当修剪，以减少养分损失。五是药物治疗。病部浅刮深纵刻，药物可选择20%甲霜灵可湿性粉剂100～200倍液，或80%乙磷铝可湿性粉剂100倍液，或77%氢氧化铜可湿性粉剂10倍液，或1∶1∶10的波尔多液。六是用大蒜、人尿等涂刮病斑后的患处，也有良好防效。

7. 炭疽病

(1)分布和症状　在我国柑橘产区均有发生。危害枝、叶、果和苗木，有时花、枝干和果梗也受危害，严重时落叶枯梢，树皮开裂，果实腐烂。叶片上的叶斑分叶斑型和叶枝型2种。病枝上的病斑也是2种：一种是多从叶柄基部腋芽处开始，为椭圆形至长菱形，稍下凹，病斑环绕枝条时，枝梢枯死，呈灰白色，叶片干挂枝上。另一种在晚秋梢上发生，病梢枯死部呈灰白色，上有许多黑点，嫩梢遇阴雨时，顶端3～4厘米处出现烫伤状，经3～5天即呈现凋萎发黑的急性型症状。受害苗木多从地面7～10厘米嫁接口处发生不规则的深褐色病斑，严重时顶端枯死。花朵受害，雌蕊柱头常引起褐腐而落花(称花萎症)。幼果受害,果梗发生淡黄色病斑,后变为褐色而干枯,果实脱落或成僵果挂在枝上。大果染病后出现干疤、泪痕和落果3种症状。该病也是重要的贮藏病害。

(2)病原　病菌属半知菌亚门的有刺炭疽孢属的胶孢炭疽菌。

(3)发病规律　病菌在组织内越冬,分生孢子借风、雨、昆虫传播,从植株伤口、气孔和皮孔侵入。通常在春梢后期开始发病,以夏、秋梢发病多。

(4)防治方法　一是加强栽培管理,深翻土壤改土,增施有机肥,并避免偏施氮肥、忽视磷钾肥,特别是多施钾肥(如草木灰);做好防冻、抗旱、防涝和其他病虫害的防治,以增强树势,提高树体的抗性。二是彻底清除病原,剪除病枝梢、叶和病果梗,集中烧毁,并随时注意清除落叶落果。三是药剂防治,在春、夏、秋梢嫩梢期各喷1次,着重在幼果期喷1～2次,7月下旬至9月上中旬果实生长发育期每隔15～20天喷1次,连续喷2～3次。药剂选择0.5%等量式波尔多液,或30%氧氯化铜悬浮剂600～800倍液,或77%氢氧化铜可湿性粉剂、80%代森锰锌可湿性粉剂400～600倍液,或25%溴菌腈可湿性粉剂1000倍液。

防治苗木炭疽病应选择有机质丰富、排水良好的沙壤土做苗床,并实行轮作。发病苗木要及时剪除病枝叶或拔除烧毁。尤其要注意春、秋季节晴雨交替时期的喷药,药剂同上。

8. 根线虫病

(1)分布和症状　在我国的柑橘产区均有发生。为害须根。受害根略粗短,畸形、易碎,无正常应有的黄色光泽。植株受害初期,地上部无明显症状,随着虫量增加,受害根系增多,植株会表现出干旱、营养不良症状,抽梢少而晚,叶片小而黄,且易脱落,顶端小枝会枯死。根线虫幼虫、雌成虫等见图3-3。

(2)病原　由半穿刺线虫属的柑橘半穿刺线虫所致。

(3)发病规律　主要以卵和二龄幼虫在土壤中越冬,翌年春发

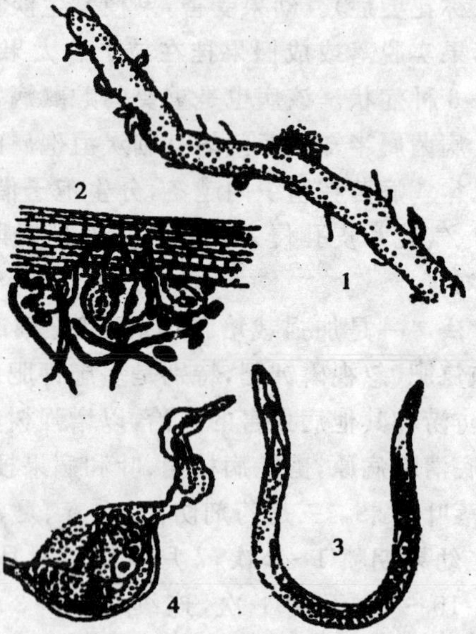

图 3-3 根线虫病

1. 须根上寄生的雌成虫及卵囊 2. 病根剖面

3. 幼虫 4. 雌成虫

新根时以二龄幼虫侵入。虫体前端插入寄主皮内固定,后端外露。由带病的苗木和土壤传播,雨水和灌溉水也能作近距离传播。

(4)*防治方法* 一是加强苗木检验,培育无病苗木。二是选用抗病砧,如枳橙和某些枳作砧木。三是加强肥水管理,增施有机肥和磷、钾肥,促进根系生长,提高抗病力。四是使用生物农药、生物杀线虫药,也叫 PL 菌剂,是一种能分泌出溶解线虫卵壳的几质酸酶的真菌制剂。这种菌剂里的淡紫拟青霉,它能穿透线虫的卵壳,并把线虫卵当营养全部吃掉,既有防效,又减少土壤污染。

9. 贮藏病害 主要有 2 类:一类由病原物侵染所致的侵染性

病害,如青霉病、绿霉病、蒂腐病等;另一类是生理性病害,如褐斑病(干疤)、水肿等。

(1)青霉病和绿霉病

①分布和症状:青霉病、绿霉病均有发生,绿霉病比青霉病发生多。青霉病发病适温较低,绿霉病发病适温较高。青、绿霉病初期症状相似,病部呈水渍状软腐,病斑圆形,后长出霉状菌丝,并在其上出现粉状霉层。但两种病症也有差异,后期症状区别尤为明显。两种病症状比较,见表3-1。

表3-1 青霉病与绿霉病的症状比较

病害名称	青霉病	绿霉病
孢子丛	青绿色,可发生在果皮上和果心空隙处	橄榄绿色,只发生在果皮上
白色菌丝体	较窄,仅1～2毫米,外观呈粉状	较宽,8～15毫米,略带胶着状,有皱纹
病部边缘	有水渍状、规则而明显	水渍状,边缘不规则,不明显
黏着性	对包果纸和其他接触物无黏着力	包果纸黏在果上,也易与其他接触物黏结
气味	有霉味	有芳香气味

②病原:青霉病为意大利青霉侵染所引起,它属半知菌,分生孢子无色,呈扫帚状。绿霉菌由指状青霉所侵染,分生孢子串生,无色单胞,近球形。

③发病规律:病菌通过气流和接触传播,由伤口侵入,青霉病发生的最适温度为18℃～21℃,绿霉病发生的最适温度为25℃～27℃,空气相对湿度均要求在95%以上。

④防治方法:一是适时采收、精细采收,尽量避免伤果。二是对贮藏库、窖等用硫磺熏蒸,紫外线照射或喷药消毒,每立方米空间用药量为10克,密闭熏蒸消毒24小时。三是采下的柑橘果实

用药液浸1分钟，集中处理，并在采果当天处理完毕。药剂可选25%抑霉唑乳油500～1000毫克/千克，或45%噻菌灵悬浮剂500～600毫克/千克。四是改善贮藏条件，通风库以温度5℃～9℃，空气相对湿度以90%为宜。

(2)炭疽病

①分布和症状：该病是柑橘贮藏保鲜中后期发生较多的病害。常见的症状有2种。一种是在干燥贮藏条件下，病斑发展缓慢，限于果面，不侵入果肉。另一种是在湿度较大的情况下产生软腐型病斑，病斑发展快，且危及果肉。在气温较高时，病斑上还可产生粉红色黏着状的炭疽孢子。病果有酒味或烂味。

②病原：由半知菌亚门的盘长孢子状刺盘孢所致。

③发病规律：病菌在病组织上越冬。分生孢子经风、雨、昆虫传播，从伤口或气孔侵入。寄主生长衰弱，高温、高湿时易发生。病菌从果园带入，在果实贮藏期间发病。

④防治方法：一是加强田间管理，增强寄主抵抗力。二是冬季结合清园，剪除病枝并烧毁。三是在多发病果园，抽梢后喷施5%福美双可湿性粉剂500～700倍液，杀灭炭疽病菌，以免果实贮藏期间受危害。

(3)蒂腐病

①分布和症状：在我国柑橘产区均有发生。分褐色蒂腐病和黑色蒂腐病2种。褐色蒂腐病症状为果实贮藏后期果蒂与果实间皮层组织因形成离层而分离，果蒂中的维管束尚与果实连着，病菌由此侵入或从果梗伤口侵入，使果蒂部发生褪色病斑。由于病菌在果实囊瓣间扩展较快，使病部边缘呈波纹状深褐色，内部腐烂较果皮快，当病斑扩展至1/3～1/2时，果心已全部腐烂，故名穿心烂。黑色蒂腐病多从果蒂或脐部开始，病斑初为浅褐色、革质，后蔓延全果，病斑随囊瓣排列而蔓延，使果面呈深褐蒂纹直达脐部，用手压病果，常有琥珀色汁流出。高湿条件下，病部长出污黑色气

生菌丝，干燥时病果成黑色僵果，病果肉腐烂。

②病原：褐色蒂腐由柑橘树脂病所致。黑色蒂腐病的病原有性阶段为柑橘囊孢壳菌，属子囊菌；在病果上常见的是其无性阶段，病原称为蒂腐色二孢菌，属半知菌亚门。

③发病规律：病菌从果园带入，在果实贮藏期发病。病菌从伤口或果蒂部侵入，果蒂脱落、干枯和果皮受伤均易引起发病，高温、高湿有利该病发生。

④防治方法：一是加强田间管理、防治，将病原杀灭在果园。二是适时、精细采收，减少果实伤口。三是对运输工具、贮藏库(房)进行消毒。四是药剂防治。

二、特色柑橘虫害无公害防治技术

1. 红蜘蛛 又叫橘全爪螨，属叶螨科。

(1)分布和为害症状 在我国柑橘产区均有发生。除了为害柑橘以外，还为害梨、桃和桑等经济树种。主要吸食叶片、嫩梢、花蕾和果实的汁液，尤以嫩叶受害重。叶片受害初期为淡绿色，后出现灰白色斑点，严重时叶片呈灰白色而失去光泽，叶背面布满灰尘状蜕皮壳，并引起落叶。幼果受害，果面出现淡绿色斑点；成熟果实受害，果面出现淡黄色斑点；果蒂受害导致大量落果。红蜘蛛雌成虫、雄成虫、卵和被害叶见图 3-4。

(2)发生规律 红蜘蛛 1 年发生 12～20 代，田间世代重叠。冬季多以成螨和卵在枝叶上越冬，在多数柑橘产区无明显越冬阶段。当气温为 12℃时，虫口渐增，20℃时盛发，20℃～30℃的气温和 60%～70%的空气相对湿度，是红蜘蛛发育和繁殖的最适条件。红蜘蛛有趋嫩性、趋光性和迁移性。叶面和背面虫口均多。在土壤瘠薄、向阳的山坡地，红蜘蛛发生早而重。

(3)防治方法 一是利用食螨瓢虫、塔六点蓟马、草蛉、长须螨

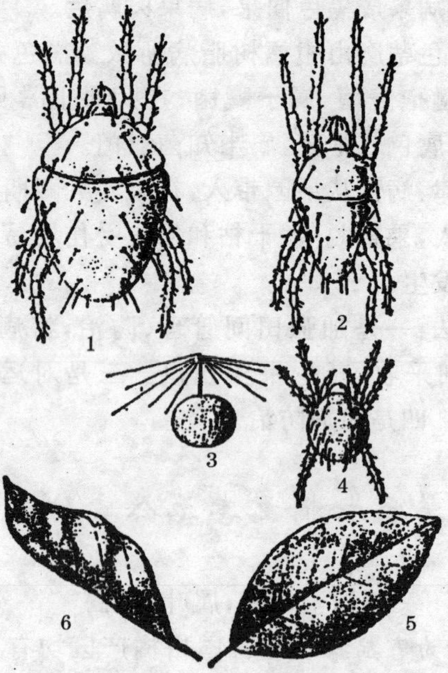

图 3-4　红 蜘 蛛

1. 雌成虫　2. 雄成虫　3. 卵　4. 幼虫
5. 正常叶　6. 被害叶片

和钝绥螨等天敌防治红蜘蛛，并在果园夏季种植藿香蓟、白三叶、百喜草、大豆、印度豇豆，冬季可种植豌豆、肥田萝卜和紫云英等。还可生草栽培，创造天敌生存的良好环境。二是干旱时及时灌水，可以减轻红蜘蛛为害。三是科学用药，避免滥用，特别是对天敌杀伤力大的广谱性农药。科学用药的关键是掌握防治指标和选择药剂种类。一般春季防治指标在 3～4 头/叶，夏、秋季防治指标为 5～7 头/叶，天敌少的防治指标宜低，反之，天敌多的防治指标宜高。药剂要选对天敌安全或较为安全的。通常冬季早春可选机油乳剂200倍液；开花前，气温较低可选用5%噻螨酮乳油1500倍液，或5%唑螨酯乳油3000倍液，生长期可选73%炔螨特乳油3000倍液，或15%哒螨灵乳油2000～3000倍液，或25%三唑锡可湿性粉剂1500～2000倍液，或45%石硫合剂结晶250～300倍液等。

此外，还有四斑黄蜘蛛，防治的药剂同红蜘蛛。

2. 锈壁虱　又名锈蜘蛛，属瘿螨科。

(1)*分布和为害症状*　在我国柑橘产区均有发生。为害叶片和果实，主要在叶片背面和果实表面吸食汁液。吸食时使油胞破坏，芳香油溢出，被空气氧化，导致叶背、果面变成黑褐色或铜绿色，严重时可引起大量落叶。幼果受害严重时，变小、变硬；大果受害后果皮变为黑褐色，韧而厚。果实有发酵味，品质下降。

(2)*发生规律*　1年发生18～24代，以成螨在腋芽和卷叶内越冬。日平均气温为10℃时停止活动，15℃时开始产卵，随春梢抽发迁至新梢取食。5～6月份蔓延至果上，7～9月份为害果实最甚。大雨可抑制其为害，9月份后随气温下降，虫口减少。

(3)*防治方法*　一是剪除病虫枝叶，清出园区，同时合理修剪，使树冠通风透光，减少虫害发生。二是利用天敌，园中天敌少可设法从外地引入，尤以刺粉虱黑蜂、黄盾恩蚜小蜂有效。三是药剂防治，认真做好测报，从5月份起经常检查，在叶片上或果上有2～3头/视野(10倍手持放大镜的一个视野)，当年春梢叶背出现被害状，果园中发现一个果出现被害状时开始防治，药剂可选用73%炔螨特乳油3000倍液，或1.8%阿维菌素乳油2500～3000倍液，或10%吡虫啉可湿性粉剂1500倍液，或40%毒死蜱乳油1200～1500倍液，或90%敌百虫晶体600～800倍液，或40%乐果乳油800～1000倍液，或0.5%苦·烟水剂1000倍液。

3. 矢尖蚧　又名尖头介壳虫，属盾蚧科。

(1)*分布和为害症状*　在我国柑橘产区均有发生。以若虫和雌成虫取食叶片、果实和小枝汁液。叶片受害轻时,被害处出现黄色斑点或黄色大斑,受害严重时,叶片扭曲变形,甚至枝叶枯死。果实受害后呈黄绿色,外观、内质变差。矢尖蚧形态特征及被害状见图 3-5。

(2)发生规律　1 年发生 2～4 代,以雌成虫和少数二龄若虫越冬。当日平均气温在 17℃以上时,越冬雌成虫开始产卵孵化,世代重叠,在 17℃以下时停止产卵。雌虫蜕两次皮后成为成虫。雄若虫则常群集于叶背为害,二龄后变为预蛹,再经蛹变为成虫。在重庆,各代一龄若虫高峰期分别出现在 5 月上旬、7 月中旬和 9 月下旬。温暖潮湿的条件有利于发生。树冠郁闭的易发生,且为害较重,大树较幼树发生重,雌虫分散取食,雄虫多聚在母体附近为害。

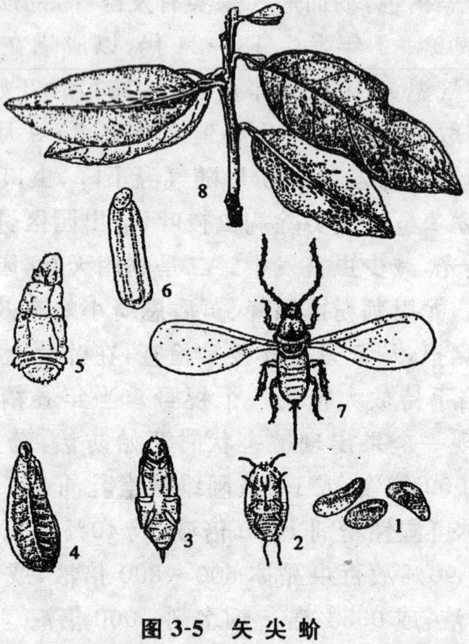

图 3-5　矢 尖 蚧

1. 卵　2. 初孵若虫　3. 雄蛹　4. 雌虫介壳　5. 雌成虫
6. 雄虫介壳　7. 雄成虫　8. 枝叶被害状

(3)防治方法　一是利用矢尖蚧的重要天敌矢尖蚧蚜小蜂、黄金蚜小蜂、日本方头甲、豹纹花翅蚜小蜂、整胸寡节瓢虫、红点唇瓢虫、草蛉等，并为其创造生存的环境条件。二是做好预测预报。在四川、重庆、湖北及气候相似的柑橘产区，初花后25～30天为第一次防治期。或花后观察雄虫发育情况，发现园中个别雄虫背面出现白色蜡状物之后5天内为第一次防治时期，15～20天后喷第二次药。发生相当严重的柑橘园第二代二龄幼虫再喷1次药。第一代防治指标为有越冬雌成虫的秋梢叶片达10%以上。药剂可选用0.5%苦·烟水剂乳油800～1000倍液，或40%毒死蜱乳油1200～1500倍液，或95%机油乳剂150～200倍液，或40%乐果乳油800～1000倍液等，用药注意1年的最多次数和安全间隔期。三是加强修剪，使树冠通风透光良好。四是彻底清园，剪除病虫枝、枯枝叶，以减少病虫源。

4. 橘　蚜

(1)分布和为害症状　在我国柑橘产区均有发生。为害柑橘、桃、梨和柿等果树。橘蚜常群集在嫩梢和嫩叶上吸食汁液，引起叶片皱缩卷曲、硬脆，严重时嫩梢枯萎，幼果脱落。橘蚜分泌大量蜜露可诱发煤烟病和招引蚂蚁上树，影响天敌活动，降低光合作用。橘蚜也是柑橘衰退病的传播媒介。橘蚜形态特征及被害状见图3-6。

(2)发生规律　1年发生10～20代，在北亚热带的浙江黄岩主要以卵越冬，在福建和广东以成虫越冬。越冬卵于3月下旬至4月上旬孵化为无翅若蚜后，即为害嫩梢。若虫经四龄成熟后即开始产生幼蚜，继续繁殖。繁殖的最适温度为24℃～27℃，气温过高或过低，雨水过多均影响其繁殖。春末夏初和秋季干旱时为害最重。有翅蚜有迁移性。秋末冬初便产生有性蚜交尾产卵，越冬。

(3)防治方法　一是保护天敌，如七星瓢虫、异色瓢虫、草蛉、食蚜蝇、蚜茧蜂等，并创造其良好生存环境。二是剪除虫枝或抹除

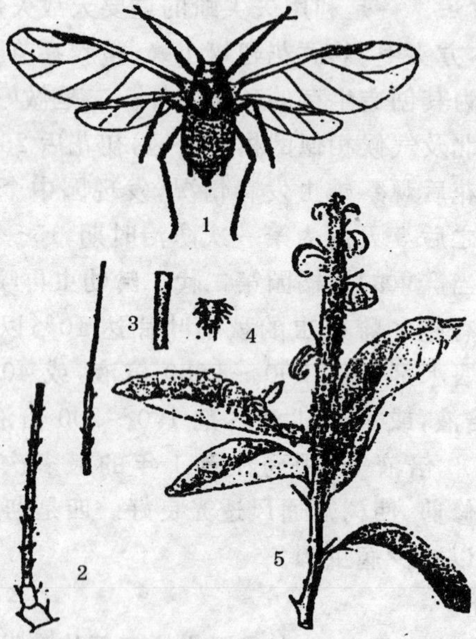

图 3-6 橘 蚜

1. 有翅胎生雌蚜成虫 2. 触角 3. 腹管
4. 尾片 5. 被害状

抽发不整齐的嫩梢，以减少橘蚜食料。三是加强观察，当春、夏、秋梢嫩梢期有蚜率达 25%时喷药防治，药剂可选择 50%抗蚜威可湿性粉剂 2000～2500 倍液，或 10%吡虫啉可湿性粉剂 1200～1500 倍液，或 40%乐果乳油 800～1000 倍液。注意每年最多使用次数和安全间隔期。

5. 星天牛 属天牛科。

(1)*分布和为害症状* 在我国柑橘产区均有发生。为害柑橘、梨、桑、柳等植物。其幼虫蛀食离地面 0.5 米以内的根颈和主根皮层，切断水分和养分的输送而导致植株生长不良，枝叶黄化，严重时死树。星天牛形态特征及被害状见图 3-7。

(2)发生规律　1年发生1代,以幼虫在木质部越冬。4月下旬开始出现,5～6月份为盛期。成虫从蛹室爬出后飞向树冠,啃食嫩枝皮和嫩叶。成虫常在晴天9～13时活动、交尾、产卵,中午高温时多停留在根颈部活动、产卵。5月底至6月中旬为其产卵盛期,卵产在离地面约0.5米的树皮内。产卵时,雌成虫先在树皮上咬出一个长约1厘米的倒"T"字形伤口,再产卵于其中。产卵处因被咬破,树液流出表面而呈湿润状或有泡沫液体。幼虫孵出后即在树皮下蛀食,并向根颈或主根表皮迂回蛀食。

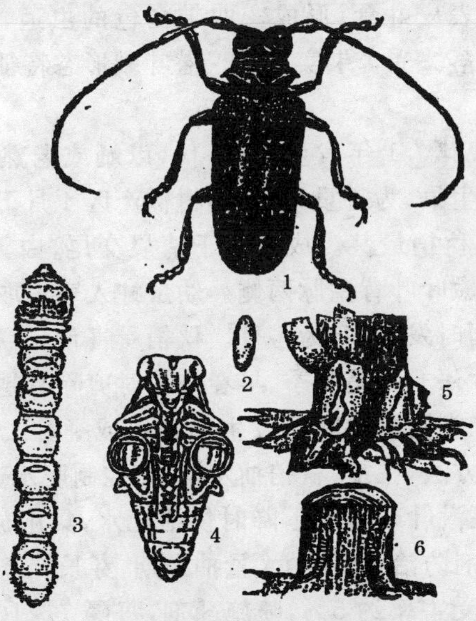

图3-7　星天牛

1. 成虫　2. 卵　3. 幼虫　4. 蛹　5. 根颈部皮层被害状　6. 根颈部木质部被害状(纵剖面)

(3)防治方法　一是捕杀成虫,白天9～13时,主要是中午在根颈附近捕杀。二是加强栽培管理,使树体健壮,保持树干光滑。

三是堵塞孔洞，清除枯枝残桩和苔藓地衣，以减少产卵和除去部分卵和幼虫。四是立秋前后，人工钩杀幼虫。五是立秋和清明前后，将虫孔内木屑排除，用棉花蘸40%乐果乳油5～10倍液塞入虫孔，再用泥封住孔口，以杀死幼虫；还可在产卵盛期用40%乐果乳油50～60倍液喷洒树干根颈部。

6. 潜叶蛾 又名绘图虫，属潜蛾科。

(1)分布和为害症状 在我国柑橘产区均有发生，且以长江以南产区受害最重。主要为害柑橘的嫩叶和嫩枝，果实也有少数受害。幼虫潜入表皮蛀食，形成弯曲带白色的虫道，使受害叶片卷曲、硬化、易脱落。受害果实易烂。潜叶蛾形态特征及被害状见图3-8。

(2)发生规律 1年发生10多代，以蛹或老熟幼虫越冬。气温高的产区发生早、为害重，在我国柑橘产区4月下旬见成虫，7～9月份为害夏、秋梢最甚。成虫多于清晨交尾，白天潜伏不动，夜间将卵散产于嫩叶叶背主脉两侧。幼虫蛀入表皮取食。田间世代重叠，高温多雨时发生多、为害重。秋梢受害重，春梢受害少。

(3)防治方法 一是冬季、早春修剪时剪除有越冬幼虫或蛹的晚秋梢，春季和初夏摘除零星发生的幼虫或蛹。二是采用控肥水和抹芽放梢的方法，在夏、秋梢抽发期，先控制肥水，抹除早期抽生的零星嫩梢，在潜叶蛾卵量下降时供给肥水，集中放梢，配合药剂防治。三是药剂防治，在新梢大量抽发期，芽长0.5～2厘米时，防治指标为嫩叶受害率约5%，喷施药剂，每隔7～10天1次，连续2～3次。药剂可选择1.8%阿维菌素乳油2000～3000倍液，或5%伏虫隆乳油1000～2000倍液，或10%吡虫啉可湿性粉剂1200～1500倍液，或10%氯氰菊酯乳油1000～1200倍液，或20%甲氰菊酯乳油1500～2000倍液等。

7. 枯叶夜蛾 属夜蛾科。

(1)分布和为害症状 在我国柑橘产区均有发生，在四川、重

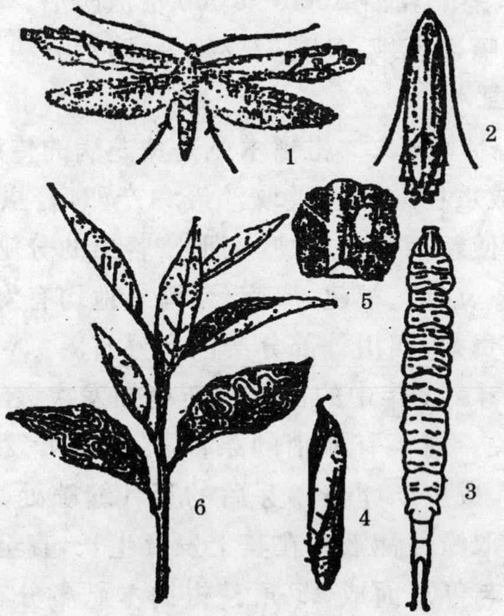

图 3-8　潜 叶 蛾

1. 成虫　2. 成虫休止状　3. 幼虫　4. 蛹
5. 卵　6. 枝叶被害状

庆为害重。为害柑橘、桃、杧果等，成虫吸食果实汁液，受害果表面有针刺状小孔，刚吸食后的小孔有汁液流出，约 2 天后果皮刺孔处海绵层出现直径 1 厘米的淡红色圆圈，以后果实腐烂脱落。

(2)*发生规律*　1 年发生 2～3 代，以成虫越冬。田间 3～11 月份可见成虫，以秋季最多。晚间交尾，卵产于通草等幼虫寄主上。

(3)*防治方法*　一是连片种植，避免早、中、晚熟品种混栽。二是夜间人工捕捉成虫。三是去除寄主木防己、通草、十大功等植物。四是灯光诱杀。可安装黑光灯、高压汞灯或频振式杀虫灯，或用果醋或酒糟液加适量红糖配成糖醋液加 1% 的敌百虫诱杀成虫。五是拒避，或用塑料薄膜包萘丸，上刺数个小孔，每株挂 4～5 粒。六是果实套袋。七是利用赤眼蜂天敌。八是药剂防治，可选用2.5%氯氟氰菊酯乳油2000～3000倍液防治。

此外,还有嘴壶夜蛾、鸟嘴壶夜蛾等,防治方法与枯叶夜蛾同。

8. 柑橘木虱

(1)分布和为害症状　柑橘木虱是黄龙病的传病媒介昆虫,为害各次新梢。成虫在嫩芽上吸取汁液和产卵,若虫群集在幼芽和嫩叶上为害,致使新梢弯曲,嫩叶变形。若虫的分泌物会诱发煤烟病。在我国广东、广西、福建、海南、台湾等地均有发生,在浙江、江西、湖南、云南、贵州、四川等部分产区有分布。

(2)发生规律　1年中的代数与新梢抽发次数有关,每代历时长短与气温相关。周年有嫩梢的条件下,1年可发生11～14代,田间世代重叠。成虫产卵在露芽后的芽叶缝隙处,没有嫩芽不产卵,初孵若虫吸取嫩芽汁液并在其上发育生长,直至五龄。成虫停息时尾部翘起,与停息面成45°角。柑橘木虱多分布在衰弱树上。1年中,秋梢受害最重,其次是夏梢,5月份的早夏梢被害后会暴发黄龙病。晚秋梢,柑橘木虱会再次发生为害高峰。

(3)防治方法　一是做好冬季清园,通过喷药杀灭,可减少春季的虫口。二是加强栽培管理,尤其是肥水管理,使树势旺,抽梢整齐,以利统一喷药防治木虱。三是药剂防治,可选用40%乐果乳油800倍液,或20%氰戊菊酯乳油1500～2000倍液等。

9. 柑橘凤蝶　又名黑黄凤蝶,属凤蝶科。

(1)分布和为害症状　在我国柑橘产区均有发生。为害柑橘、山椒等,幼虫将嫩叶、嫩梢食成缺刻。柑橘凤蝶特征形态及被害状见图3-9。

(2)发生规律　1年发生3～6代,以蛹越冬。3～4月份羽化的为春型成虫,7～8月份羽化的为夏型成虫,田间世代重叠。成虫白天交尾,产卵于嫩叶背或叶尖。幼虫遇惊时,即伸出臭角发出难闻气味,以避敌害。老熟后即吐丝做垫头,斜向悬空化蛹。

(3)防治方法　一是人工摘除卵或捕杀幼虫。二是冬季清园

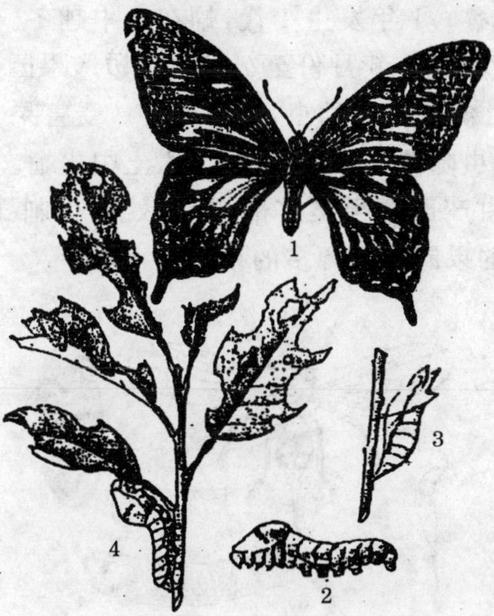

图 3-9　柑橘凤蝶

1. 成虫　2. 幼虫　3. 蛹
4. 被害状及产于叶上的卵

除蛹。三是保护天敌凤蝶金小蜂、凤蝶赤眼蜂和广大腿小蜂，或蛹的寄生天敌。四是为害盛期药剂防治，药剂可选 Bt 制剂（每克 100 亿个孢子）200～300 倍液，或 10%吡虫啉可湿性粉剂 1200～1500 倍液，或 25%除虫脲可湿性粉剂 1500～2000 倍液，或 25%溴氰菊酯乳油 1500～2000 倍液，或 0.3%苦参碱水剂 200 倍液，或 90%敌百虫晶体 800～1000 倍液。

10. 大实蝇　幼虫又名柑蛆，属实蝇科。

(1)分布和为害症状　受害果叫蛆柑。在我国四川、湖北、贵州、云南等柑橘产区有少量或零星为害。成虫产卵于幼果内。幼虫蛀食果肉，使果实出现未熟先黄，黄中带红现象，最后腐烂脱落。大实蝇形态特征及被害状见图 3-10。

(2)发生规律　1年发生1代,蛹在土中越冬。4月下旬出现成虫,5月上旬为盛期,6月份至7月中旬进入果园产卵,6月中旬为盛期,7～9月份孵化为幼虫,蛀果为害。受害果9月下旬至10月下旬脱落,幼虫随落果至地,后脱果入土中化蛹。成虫多在晴天中午出土。成虫产卵在果实脐部,产卵处有小刺孔,果皮由绿变黄。阴山湿润的果园和蜜源多的果园受害重。

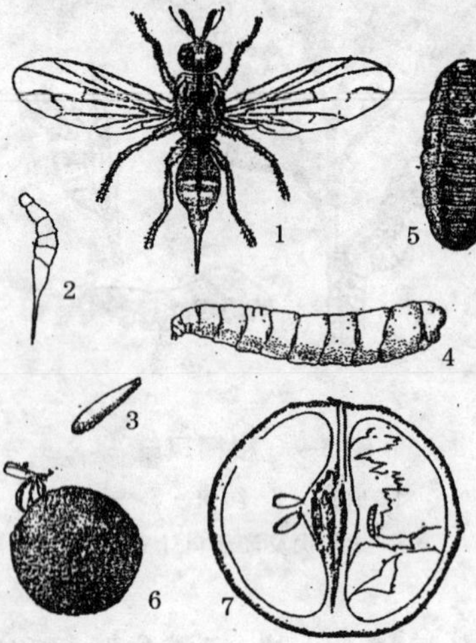

图 3-10　大实蝇

1. 雌成虫　2. 雌成虫腹部侧面　3. 卵　4. 幼虫
5. 蛹　6. 幼果被害状　7. 被害果纵剖面

(3)防治方法　一是严格实行检疫,禁止从疫区引进果实和带土苗木等。二是摘除受害幼果,并煮沸深埋,以杀死幼虫。三是冬季深翻土壤,杀灭蛹和幼虫。四是幼虫脱果时或成虫出土时,用45%辛硫磷乳油1000倍液喷施地面,杀死成虫,每隔7～10天喷1次,连续2次。成虫入园产卵时,用2.5%溴氰菊酯乳油或20%氰戊菊酯乳油1500～2000倍液加3%红糖液,喷施1/3植株树冠，每隔7～10天喷1次，连续2～3次。五是辐射处理。在室内饲养大实蝇，用γ射线处理雄蛹，将羽化的雄成虫释放到田间与野外的雌成虫交尾受精并产卵，但卵不会孵化，以达防治之目的。墨西哥20世纪70年代即用此项技术防治大实蝇效果显著。

11. 恶性叶甲 又名柑橘恶性叶甲、黑叶跳虫、黑蛋虫等。

(1)分布与为害症状 在国内柑橘产区均有分布。寄主仅限柑橘类。以幼虫和成虫为害嫩叶、嫩茎、花和幼果。恶性叶甲形态特征及被害状见图3-11。

(2)发生规律 在浙江、四川、贵州等地1年发生3代，福建发生4代，广东发生6～7代。以成虫在腐朽的枝干中或卷叶内越冬。各代幼虫发生期为4月下旬至5月中旬，7月下旬至8月上旬和9月中下旬，以第一代幼虫为害春梢最严重。成虫散居，活动性不强。非过度惊扰不跳跃，有假死习性。卵多产于嫩叶背面或叶面的叶缘及叶尖处。绝大多数2粒并列。幼虫喜群居，孵化前后在叶背取食叶肉，留有表皮，长大一些后则连表皮食去，被害叶呈不规则缺刻和孔洞。树洞较多的果园，受害较重。高温是抑制该虫的重要因子。

(3)防治方法 一是消除有利其越冬、化蛹的场所。用松碱合剂防治，春季发芽前用10倍液，秋季用18～20倍液杀灭地衣和苔藓；清除枯枝、枯叶、霉桩，树洞用石灰或水泥堵塞。二是诱杀虫蛹。老熟成虫开始下树化蛹时用带有泥土的稻根放置在树杈处，或在树干上捆扎涂有泥土的稻草，诱集化蛹，在成虫羽化前取下烧毁。三是初孵幼虫盛期药剂防治，选用2.5%溴氰菊酯乳油，或20%氰戊菊酯乳油1500～2000倍液，或90%敌百虫晶体800～1000倍液等。

此外，还有潜叶甲等，防治与恶性叶甲同。

12. 花蕾蛆 又名橘蕾瘿蝇，属瘿蚊科。

(1)分布和为害症状 在我国柑橘产区均有发生。仅为害柑

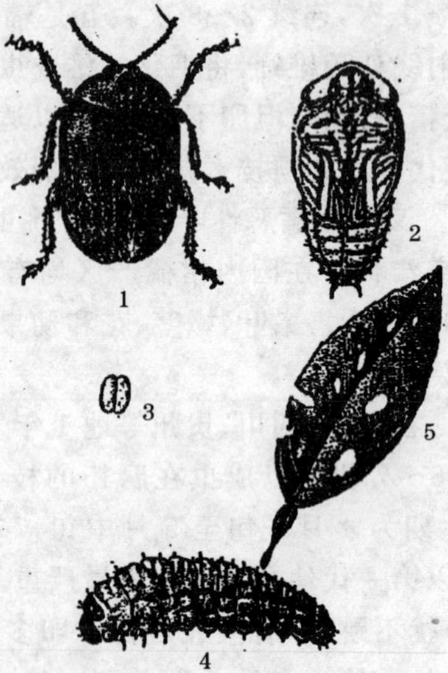

图 3-11 恶性叶甲

1. 成虫 2. 蛹 3. 卵 4. 幼虫

5. 被害叶片状

橘。成虫在花蕾直径 2～3 毫米时，将卵从其顶端产入花蕾中，幼虫孵出后食害花器，使其成为黄白色不能开放的灯笼花。花蕾蛆形态特征及被害状见图 3-12。

(2)发生规律　1 年发生 1 代，个别发生 2 代，以幼虫在土壤中越冬。柑橘现蕾时，成虫羽化出土。成虫白天潜伏，夜间活动，将卵产在子房周围。幼虫食害后使花瓣变厚，花丝、花药成黑色。幼虫在花蕾中约 10 天，即弹入土壤中越夏越冬。阴湿低洼荫蔽的柑橘园、沙土及沙壤土有利其发生。

(3)防治方法　一是幼虫入土前，摘除受害花蕾，煮沸或深埋。二是成虫出土时进行地面喷药，即当花蕾直径 2～3 毫米时，用

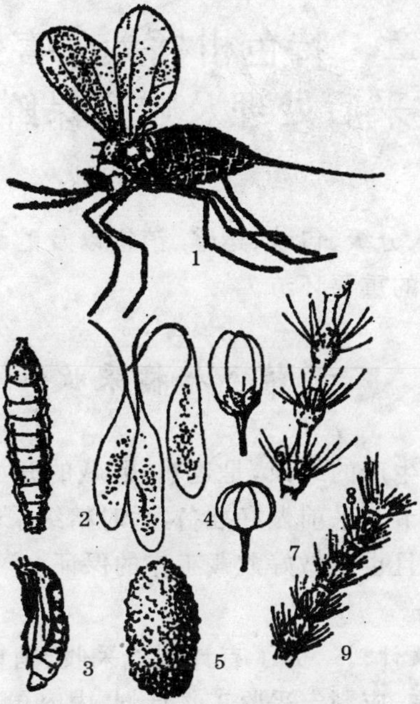

图 3-12　花 蕾 蛆

1. 雌成虫　2. 幼虫　3. 蛹　4. 卵
5. 茧　6. 正常花蕾　7. 被害花蕾
8. 雄虫触角　9. 雌虫触角

50%辛硫磷乳油 1000～1500 倍液，或 20%氰戊菊酯或 2.5%溴氰菊酯乳油 1500～2000 倍液喷施地面，每隔 7～10 天喷 1 次，连喷 2 次。三是成虫已开始上树飞行，但尚未大量产卵前，用药喷树冠 1～2 次，药剂可选 80%敌敌畏乳油 1000 倍液和 90%敌百虫晶体 800 倍的混合液，或 40%毒死蜱乳油 1500 倍液。四是成虫出土前进行地膜覆盖。

第四章　特色柑橘无公害采收、采后处理及贮藏保鲜

果实的采收、分级、包装、运输、销售以及贮藏保鲜，是生产获得好的经济效益的重要环节。

一、特色柑橘采收

采收是田间生产的结束，是运输、贮藏的开始，也是果品转变成商品的重要环节。采前做好准备，适时精细采收，不仅可减少损失、提高质量，而且也是做好贮藏工作的保证。

1. 采前准备

(1)制定采收计划　为了有计划地采收、销售和贮藏，在果实采收前30天左右，应制定采收工作计划，内容包括：较准确地预测产量以及成熟期、劳力、采果和运输工具的需要量等，以利于确定采收时间和各园的采收顺序，使采收工作有条不紊地按计划进行。采收工作计划应与收购运输部门衔接配合，外销应与外贸商检等部门做好协调工作。

(2)工具准备　采果前必须把采果工具准备齐全，主要的采收工具有：果剪、采果篓、采果箱、采果梯和运输工具(机械)等。

(3)人员培训　采收质量优劣直接影响经济效益和果品的信誉。而采果人员的思想认识和是否掌握采收技术，直接影响采收质量，故采前要组织采果、运果人员学习培训。提高思想认识，掌握采果、运果技术。

2. 适时采收　气候、土壤、树龄以及栽培技术措施等因素的影响，常使柑橘果实的最适采收期在不同的年份和不同的地区有

所差异。加之,果实是鲜销或贮藏,是产地销售还是外地(含出口)销售,采收时间也会不同。果实采收后,果实的品质和营养成分一般不再提高。为保证果品的质量,采收的果实应达到要求的成熟度。中国农业科学院柑橘研究所经10余年研究,提出了果皮色泽和果汁的固酸比值可作为柑橘果实成熟度的指标。年平均气温在18℃以上产区,适宜于采收的成熟度指标:作短期贮藏的果实,色泽应达5级(果皮色泽按统一的比色板级别分为7级),固酸比值10∶1;作长期贮藏用的果实,色泽应达3级,固酸比值9∶1。

果实用途不同,采收适期也有差别。立即应市的鲜食柑橘,应在果实达到品种固有的色泽、香气和风味的生理成熟期采收。外销果的采收标准,应根据进口国对果实成熟度的要求及运输距离远近、时间长短而定,其果实质量必须达到出口标准,并严格履行贸易合同。

3. 采收技术及注意事项

第一,按操作程序采果,就一株树而言,先外后内,先下后上。

第二,凡遇下雨、落雪、降霜、起雾的天气,树上水分、露水未干以及刮大风时均不宜采果。

第三,采果人员应先将指甲剪平或戴手套,以免指甲刺破、划伤果实。

第四,采摘实行复剪,即第一剪离果蒂1厘米左右处剪下,再齐果蒂剪第二剪,务必不伤果蒂,并保持果蒂完整。

第五,果实离手较远时,禁止强拉硬扯,以免拉松果蒂,造成果实在贮藏中腐烂。

第六,果实放入果篓或从果篓转入果箱,均应轻拿轻放,不得抛掷和倾倒。为避免压伤果实,果篓和采果箱以装至八九成满为宜。

第七,果实在运输途中,应将采果箱铁手把向上翻起,以便叠放;箩筐重叠堆放时,中间应隔木板,以免压伤果实。

二、特色柑橘采后处理

采后处理，要防止果实再被污染。包括分级、包装、运输和销售等各个环节。

1. 分　级

(1)初选　为了提高果实的质量和便于果实的运输、贮藏，分级前宜在果园进行初选。初选主要是剔除畸形果、病虫果和新伤果等。通过初选可使特色柑橘生产者了解到生产果园果品的质量，对果实的等级做到心中有数。同时，减少精选分级的工作量。

(2)分级要求　对外观、内质都有严格的要求。

①果形：具有该特色柑橘品种特性，果形整齐，果蒂完整平齐，果实无萎蔫现象。

②色泽：果实自然着色，色泽均匀，具有该特色柑橘品种成熟果实的特征色泽；提前上市的单果自然着色面积应大于全果的1/3。

③果面：果面新鲜光洁，无日灼、刺伤、虫伤、擦伤、裂口、病斑及腐烂现象。

④果肉：具有该特色柑橘品种果肉质地和色泽特性，无枯水、粒化现象。

⑤风味：具有该特色柑橘品种的风味、香味，无异味。

⑥缺陷果允许度：同批果品中腐烂果(因遭病菌侵染，部分或全部丧失食用价值的果实)不超过1%，严重缺陷果(存在干疤、水肿、冻伤、枯水等缺陷的果实)不超过2%，一般缺陷果(存在果形不正、着色不佳、果面轻度擦伤或果面有较明显斑痕的果实)不超过5%。

⑦理化要求：按《中华人民共和国农业行业标准(NY/T 5014—2001)无公害食品　柑橘》执行，详见附录一、表1。

⑧卫生安全指标：应符合《中华人民共和国农业行业标准(NY/T 5014—2001)无公害食品　柑橘》执行，详见附录一、表2。

(3)*分级方法*　分级分手工分级(组)板和机器的打蜡分级机。

①分级(组)板：常用于手工分级(组)工具，分级时将分级(组)板用支架支撑，下置果箱，分级人员手拿果实从小孔至大孔比漏(切勿从大孔到小孔比漏)，以确保漏下洞孔的为该级的果实。为了正确地分级，注意事项包括：一是分级(组)板必须经过检查，每孔误差不得超过0.5毫米。二是分级时果实要拿端正，切忌横漏或斜漏，漏果时应用手接住，轻放入箱，不准随其坠落，以免果实出现新伤。三是自由漏下，不能用力将果实从孔中按下。

②打蜡分级机：打蜡分级机通常由提升传送带、洗涤箱、打蜡抛光带、烘干箱、选果台和分级箱等6部分组成。

③生产线工艺流程

原料→漂洗→清洁剂洗刷→清水洗刷→擦洗(干)→涂蜡(或喷涂允许的杀菌剂)→抛光→烘干→选果→分级→装箱(装袋)→成品

分级全过程，不论是手工或是机器都应在无污染的环境条件下进行，使用的杀菌剂等，应符合柑橘的要求。

2. 包装　果实包装的目的是为了在运输过程中不受机械损伤，保持新鲜，防止污染和避免散落、损失。包装可减弱果实的呼吸强度，减少果实的水分蒸发，降低自然失重损耗，减少果实之间病菌传播机会和果实与果实之间、果实与果箱之间摩擦而造成的腐损。果实包装后，特别是装饰性包装(礼品包装)还可增加对消费者的吸引力和扩大销路。

(1)*包装的要求*

①包装厂(场)：场地应通风、防潮、防晒，温度25℃～30℃，空气相对湿度60%～90%，干净整洁，无污染物，不能存放有毒、有异味物品。

②内包装:可采用单果包装,但包装材料应清洁,质地细致柔软、无污染,也可将分级后的果实直接装箱。

③果品装箱:应排列整齐,内可用清洁、无毒的柔韧物衬垫。果箱用瓦楞纸箱,结构应牢固适用,且干燥,无霉变、虫蛀、污染。

④包装箱规格:每批次包装箱规格应做到一致,可按 GB/T 13607(苹果、柑橘包装)规定执行,且每箱净重不超过 20 千克。或按客户要求包装。

⑤包装标志:包装上应标出产品名称、净重量、规格、产地、采收日期、包装日期、生产单位、执行标准代号及商品商标内容。

(2)包装技术

①纸包或薄膜包:每一果实包一张纸,交头裹紧。柑橘交头在果蒂部或果顶部。装箱时包果纸交头应全部向下。

②装箱:果实包装好后即应装入果箱,一个箱内只能装同一品种,同一个级别的果实,外销果应按规定的个数装箱。装箱应按规定排列,底层果蒂一律向上,上层果蒂一律向下。底层应摆均匀,以后各层注意大小、高矮搭配,以果箱装平为度。装箱前先要垫好箱纸,两端各留半截纸作为盖纸,装果后折盖在果实上面。果实装毕应分组堆放,并注意保护果箱,防止受潮、虫蛀、鼠咬。

③成件:按要求封箱,做好标志,待运。

3. 运输 果实运输是果实采后到入库贮藏或应市销售过程中必须经过的生产环节。运输质量直接影响果实的耐贮性、安全性和经济效益。严禁运输过程中对果实的再污染。

果实运输应做到快装、快运、快卸。严禁日晒雨淋,装卸、搬运时要轻拿轻放,严禁乱丢乱掷。

三、特色柑橘贮藏保鲜

特色柑橘的贮藏保鲜是通过人为的技术措施,使采摘后的果实或已成熟挂在树上的果实，延缓衰老，并尽可能地保持其固有的品质（外观和内质），使果品能排开季节，周年供应。鉴于柑橘果实采后或成熟后挂树贮藏仍是一个活体，会继续进行呼吸作用，消耗养分，故应采取保鲜技术，才能避免果实损耗和腐烂。

特色柑橘采后贮藏保鲜和留树贮藏保鲜的关键技术简介如下。

1. 贮藏保鲜品种选择　我国柑橘品种的布局，85％以上是年内 11～12 月份成熟的中熟品种，10 月份及其以前成熟的早熟品种和翌年成熟的晚熟品种不足 15％，尤其是晚熟品种更少，不足 5％。由此可见，为排开应市时间，用于贮藏保鲜的主要是中熟品种，晚熟品种也可依据市场需求选择一部分贮藏保鲜，早熟品种的优势是早，为发挥早熟品种的优势，一般不选作贮藏保鲜。早熟品种成熟时及时采收，即果实的品质甜酸适宜，果汁丰富，适宜食用。至于色泽，系由果皮中的叶绿素和类胡萝卜素比例决定。但橙黄色类胡萝卜素只有在柑橘成熟季节夜间温度持续 1 周时间的 15℃以下，才会显现（转色）。这一果实转色条件，我国多数柑橘产区可以达到，但低纬度和低海拔产区生产的早熟柑橘，上市时果皮仍为绿色，但果实已成熟。

2. 采后贮藏保鲜技术　采后贮藏保鲜的技术关键是果实采收质量、药剂处理、薄膜包果、贮藏环境和贮后管理。

（1）采收质量

①及时采收：以果皮色泽、果汁可溶性固形物含量、果汁固酸比为采收指标。果实七八成成熟，果皮已转色，转色程度为充分成熟的 70％～80％。果皮颜色为甜橙呈橙黄色或浅橙色；宽皮柑橘中的橙色品种呈橙黄色或浅橙色，红色品种呈红色或浅红色；柠檬呈柠檬黄色或浅绿色；柚类呈浅黄色或浅黄绿色。

②采收条件：采收前 1 周不应灌水，雨天、雾天、下雪、降霜、刮大风等天气，果面水分未干前不宜采收。

采收用具、采收技术和果实运输要求,见采收一节。

(2)药剂处理

①及时处理:要求采后48小时之内做防腐保鲜处理。通常要求用配制好的药剂浸果1分钟。

②贮藏病害:主要有青霉病、绿霉病、酸腐病、炭疽病、蒂腐病、黑腐病等。

③药剂选择:植物生长调节剂可用赤霉素。部分常用柑橘保鲜剂,见表4-1。

表4-1 部分常用柑橘保鲜剂(膜剂)

名 称	成分及用量
SG柑橘保鲜剂	以蔗糖脂肪酸酯(SE-02)为主,配以糖和油脂的膜制剂,用水冲调均匀,配成50倍稀释液浸果
松竹牌水果保鲜剂	以有机高分子化合物为主要原料的成膜剂,原剂加5倍水浸果2～3分钟
CF柑橘保鲜剂	以松脂为主料的成膜剂,原液稀释10倍,洗果
森泊尔保鲜剂	以蔗糖脂肪酸酯为主料,使用浓度为2%
SM液态膜	以生物天然高分子为主要成分,使用浓度20倍水溶液洗果
京2B系列膜	以高分子有机成膜化合物为主,使用浓度15～30倍清水稀释

防腐杀菌剂,目前市场上有:

第一,咪鲜胺。咪鲜胺锰盐,防治青霉病、绿霉病、炭疽病、蒂腐病、黑腐病效果较好,但对酸腐病防效较差。

第二,抑霉唑类。如抑霉唑、50%抑霉唑乳油、抑霉唑盐酸盐水剂等,用于防治酸腐病、青霉病、绿霉病、黑腐病效果较好。

第三,双胍三辛烷基苯磺酸盐,用于防治酸腐病、青霉病、绿霉病、炭疽病、蒂腐病,但对黑腐病防效差。

鉴于使用单一防腐杀菌剂,不可能防治所有的贮藏病害,一般保鲜剂与防病杀菌剂同用，如保鲜剂中已复配有杀菌剂，则不需另加杀菌剂。

采后的柑橘贮藏保鲜还有带叶保鲜、臭氧保鲜、高良姜保鲜、草木灰保鲜、松针保鲜、小苏打保鲜、稻草保鲜和沼气保鲜等。广大柑橘生产者、经营者可选择试贮。

沼气贮藏柑橘是一种有开发潜力的贮藏保鲜方法。沼气是一种混合气体，非氧成分含量高，其中甲烷占55%～70%，二氧化碳占25%～40%，充入密闭的贮藏装置，可降低贮藏环境中氧的浓度，抑制果实的呼吸作用，蒸腾作用降到最低限度而不会因窒息发生生理病害，减缓新陈代谢，并控制真菌等有害微生物的生长、繁殖，进而达到果实贮藏保鲜的目的。

(3)薄膜包果　为减少果实贮藏期间的失重和腐烂率，果实药剂处理后晾干(收汗)，采用聚乙烯薄膜袋包果。薄膜包果可使果实新鲜饱满，失重可由裸果贮藏的10%～15%下降至2.5%左右。一般可使用的薄膜有以下几种。

①低压、高压聚乙烯半透明薄膜：低压聚乙烯半透明薄膜厚度为0.005～0.01毫米，高压聚乙烯半透明薄膜厚度0.01毫米。这两种薄膜使用前裁成24厘米×20厘米，果实用防腐保鲜药物浸涂阴干后单果包膜，交头捆结后倒置装箱。现在有专门生产的薄膜保鲜袋，使用方便，单果装入折口即可。薄膜保鲜袋厚度，柚类为0.015～0.03毫米，其他柑橘为0.01毫米。

②联苯保鲜膜：圆筒状，周长24厘米，叠径宽12厘米，膜厚0.04厘米。这种保鲜膜在工厂生产时已加入防腐剂联苯。果实先用0.02%2,4-D溶液蘸蒂部，再装入圆筒状保鲜袋中，两头折下即可。

③高透明自粘膜：厚度0.0125毫米，包果后薄膜紧密粘附于果表，不易散开。由于透明度高，所以鲜艳的果色能充分展示，比较美观。

④RPE复合防腐保鲜膜：由药物、纸、塑料复合制成。药物RQA是从樟属植物中提取的一种挥发油，这种三合一复合膜对防止柑橘果实失重、腐烂有较好的效果。

(4)保鲜纸包果　湖南省造纸研究所生产的3种专用纸KB-6、KB-1和KN-1对柑橘防腐保鲜有较好的作用。这种保鲜纸是在质薄、柔软而有韧性的纸中加入防腐保鲜药物制成的。

(5)贮藏条件

①库内适宜温度：甜橙类和宽皮柑橘类为5℃～8℃，柚类为5℃～10℃，柠檬为12℃～15℃。

②库内适宜湿度：甜橙类和柠檬空气相对湿度为90%～95%，宽皮柑橘类和柚类空气相对湿度为85%～90%。

③库内适宜气体成分：氧气为10%～15%，二氧化碳甜橙类为0%～3%；宽皮柑橘类、柚类和柠檬类为0%～2%。

(6)贮藏场所　有联拱沟窖贮藏、改良通风库贮藏和高温冷库贮藏等。以改良通风库贮藏为例，贮前做好库房清理，果篓、果箱清洗及暴晒；做好库房消毒，入库前半个月，每立方米库房容积用10克硫磺粉和1克氯酸钾点燃熏蒸，密闭5天后，通风2～3天备用。

(7)入库管理　改良通风库贮藏保鲜，入库初期要加强通风，除雨天、雾天外应日夜开窗，并机械排风，以降低库温和调整湿度。气温较低产区(0℃以下)，库内温度低于适宜温度时，关闭通风道口和通风窗，或电热升温；当库温高于适宜贮藏温度时，适当机械排风，引进冷风，降低库温。库外温度高于适宜温度和库温时，则关闭通风道口和通风窗。库内空气湿度低于适宜湿度时，可行地面洒水增湿。

(8)注意检查　果实贮藏期间，注意检查果实腐烂、病变、失重等，通常20～30天抽样检查1次，发病率高于2%时翻果检查1遍，剔除腐烂病变果。

3. 留树贮藏保鲜技术

(1)园址选择　鉴于柑橘留树贮藏保鲜，果实要挂树越冬，因此，冬季气温低于0℃的产区不宜采取此技术。为提高留树贮藏保鲜的效果，园址最好选择背风向阳、排水良好、无严重病虫害且树势健壮的柑橘园。采用覆膜留树贮藏保鲜，不宜在冬暖、日照强的产区采用，以免灼伤枝叶和果实。

(2)留贮时间　中熟品种11月至翌年2月底至3月初。晚熟品种翌年1～2月份开始到4月份至5月初，留树贮藏保鲜期间，可依据市场需求随时采摘，但最迟应在品质下降以前采收完毕。

(3)关键技术　留树贮藏保鲜主要有露地留树贮藏保鲜和覆膜留树贮藏保鲜。

①露地留树贮藏保鲜

A. 防止冬季落果。为防止冬季落果和果实衰老，在果实尚未产生离层前，对树冠喷施10～20毫克/千克赤霉素1～2次，需喷2次的，间隔20～30天喷第二次。

B. 加强肥水管理。在9月下旬至10月下旬施有机肥，供保果和促进花芽分化。冬季出现干旱应注意灌水。只要肥水管理跟上，一般不会影响柑橘翌年的产量。

C. 适时采收。根据留树贮藏保鲜品种的成熟期，在果实品质下降前应采收完毕。如11月下旬采收的锦橙和11月上中旬成熟的纽荷尔脐橙、林娜脐橙均应在翌年2月中旬春芽萌动前采收完毕。1～2月份成熟的晚熟脐橙可在翌年4月份至5月初采收完毕。

D. 避免连年留树贮藏保鲜。一般留树贮藏保鲜2～3年，间歇(不留树贮藏保鲜)1年为好。

②覆膜留树贮藏保鲜：覆膜留树贮藏保鲜，既可延迟果实采收期，又可防止因冬季低温出现的落果，其技术要点如下。

A. 覆盖所用薄膜。用透光率不低于70%的薄膜。

B. 覆膜前施基肥。施肥时间 10 月上中旬，肥料用腐熟的有机肥（人、畜、禽粪，栏肥等）＋磷肥沟施。肥料用量根据树势和结果量定。避免施肥过迟、过量促发晚秋梢、冬梢。

C. 树体减负。覆膜前摘除病虫果、伤果、畸形果和粗皮果等，以减轻树体的负担。

D. 覆膜前做好病虫害防治。剪除病虫枝、枯枝，连同地面杂草、落叶一起清出园外烧毁。选晴好天气喷施杀菌剂 1～2 次，最后 1 次喷后即覆薄膜。药剂可选 80％代森锰锌可湿性粉剂、50％多菌灵可湿性粉剂或 70％甲基硫菌灵可湿性粉剂 600～800 倍液。螨类密度较大的果园可加杀螨剂一起喷施防治。

E. 树冠覆膜。通常用单行覆膜法，即一行树覆一张薄膜，也有双行、三行、单株覆膜的。覆膜是直接将薄膜覆盖在树冠上，但覆盖前应剪除顶部或外围易刺破薄膜的尖凸枝梢。薄膜的边缘与地面相距 20～30 厘米，最后每间隔一段距离用绳索将薄膜捆缚在固定地面的竹、木桩上，以防刮风吹掉覆膜。

F. 揭去覆膜。霜期结束或气温开始稳定回升时揭去覆膜。

第五章　特色柑橘品种无公害栽培技术要点

一、太田椪柑

太田椪柑从日本引入我国种植，各地反映早熟、早结果、优质、丰产稳产。其无公害栽培技术要点如下。

1. 选好砧木　太田椪柑以枳作砧木，早结果，丰产稳产。偏碱的土壤可用红橘或椪柑作砧，虽结果较枳砧稍晚，但也优质丰产。

2. 适地建园　太田椪柑在山地、平地均适建园，因其树性较直立，栽植密度以每 667 米^2 栽 56 株为宜，即株、行距为 3 米×4 米。建园开深、宽各为 80 厘米的穴或沟，因地制宜施绿肥、畜禽栏肥 50～100 千克，砌高 20 厘米、直径 80 厘米的树盘进行种植，有条件种植脱毒容器椪柑苗的更能早结果、丰产稳产且经济寿命长。

3. 科学施肥　通常 1 年施 3 次：春肥（2 月底至 3 月初）、夏肥（6 月上旬）、秋肥（10 月上旬），以每 667 米^2 栽 56 株，每 667 米^2 产 2000 千克，其施肥标准量春肥为纯氮 6 千克、纯磷 4.5 千克、纯钾 4.7 千克；夏肥为纯氮 8 千克、纯磷 5.4 千克、纯钾 6.7 千克；秋肥为纯氮 6 千克、纯磷 4.5 千克、纯钾 4.7 千克。春肥以有机肥料为主，夏、秋肥以化学肥料为主。

4. 适度疏果　在日本栽培从 5 月底开始至 10 月份进行 4 次疏果，即 5 月底第一次疏果，促进果实早期膨大；第二次疏果以调整叶果比为目的；8 月份进行第三次疏果，以果实的均匀度为目标；9～10 月份进行第四次疏果，标准通常高腰系的叶果比为

100∶1,扁球系的叶果比为120～130∶1。通过疏除小果、外伤果、畸形果、无叶果、果梗枝较粗的果实、朝上生长的果实、果面粗糙色泽不理想的果实,保证果实优等整齐。我国精品果园可采用上述方法。常规果园,在稳果后按叶果比60～80∶1疏去残果、伤果、病虫果、过密小果。

5. 整形修剪 通过拉、吊、撑措施使树冠开张,通风透光,培养健壮的结果母枝;对成年树易形成过多的粗枝,应修剪密生的副主枝。

二、新生系3号椪柑

新生系3号椪柑系从广东潮汕引入的种子播后选出的优良株系,优质、丰产稳产,适应性广。其无公害栽培技术要点如下。

1. 适砧壮苗,适当密植 用枳作砧木,早结果,丰产,树冠矮小、紧凑。树形直立,尤以幼树为甚,为充分利用土地资源,可适当密植或实行计划密植。通常以每667米^{2}栽74～90株,即株、行距3米×3米～2.5米×3米为宜,经结果5～6年后,每667米^{2}栽90株的株间进行间伐或间移,变成每667米^{2}栽45株。

2. 科学施肥,适时灌排

(1)科学施肥

①未结果的幼树施肥:坚持少量多次的原则,通常春、夏、秋梢抽发前和抽发后叶色转绿前各施1次,以速效的氮、钾肥为主,适当配施磷肥;晚秋或冬季施越冬肥,以有机肥(畜栏粪、堆肥、绿肥等)为主,酸性的红黄壤土还应掺施石灰,以降低土壤酸度。1年生树每次株施尿素(或硫酸钾)30克,2年生树50克,3年生树75～100克,也可施氮、五氧化二磷、氧化钾含量均在15%以上的复合肥。为促使植株尽快形成树冠投产,结合病虫害防治还可叶面喷施0.3%～0.5%尿素或0.3%磷酸二氢钾溶液,1年3～4

次,在各次梢叶色转绿前喷施效果好。

②结果成年树施肥:1年4～5次。2月份施春梢肥,以速效氮肥为主,5月份施稳果肥,以氮、磷、钾全面的有机肥和化肥为主,树势较弱的树结合病虫害防治,增加叶面喷施0.3%～0.5%尿素或0.3%磷酸二氢钾溶液,以提高稳果率;7月份结合抗旱施壮果肥,以施有机肥料主,以促果实膨大健壮和早秋梢的抽发,为翌年准备优良的结果母枝;11月份施冬肥,以有机肥为主,以利于树体越冬。施肥时因单产不同而异,如每667米^{2}栽74株的8年生树,每667米^{2}产3000千克,年株施纯氮1.5千克、纯磷1.0千克、纯钾1.2千克。

(2)灌水和排涝　遇旱灌水、遇涝排水是椪柑获得丰产的重要条件。通常在以下4个时期灌水:一是发芽—幼果期(4～6月份),出现干旱要及时灌水。二是果实膨大期(7～8月份),此时正值果实膨大期,遇旱灌水极为重要。三是果实膨大后期—成熟期(8月下旬至11月份),根据旱情,适当灌水。但在成熟前要注意控水,不宜多灌。四是生长停止期(采后至翌年3月份),一般不做灌溉,但过分干旱会导致落叶时应适量灌溉。

排水防涝,及时实施,尤其是地下水位高又不易排水的园地要深沟高畦种植,降低地下水位,及时排除积水,以利根系生长。

3. 整形修剪 促果疏果　新生系3号椪柑树性直立,顶端优势明显,为促早结果、早丰产,应注意幼树整形,培养矮干丰产树冠。以后随树龄增大,枝梢出现明显的强弱分化趋势,中上部枝梢强,下部枝衰弱,应加强修剪,以保持较长时间的丰产树冠。

采取加大分枝角度和矮干修剪,促使幼树花芽分化、结果。进入结果期,尤其是盛果期后,为防止或缩小大小年,提高果实外观内质,宜进行疏枝、疏花、疏果,使产量适中、稳定,提高商品果率和1级果率。

4. 病虫危害 综合防治　疫区要做好溃疡病和大实蝇的防

治;非疫区要严格实行检疫,严禁检疫性病虫害的传入。除检疫性病虫害外,主要的病害有裂皮病、炭疽病、疮痂病、煤烟病、青、绿霉病等;主要的虫害有红蜘蛛、黄蜘蛛、锈壁虱、潜叶蛾、卷叶蛾、凤蝶、蚜虫、介壳虫、天牛等,注意做好防治。

病虫害的防治,用药要准、及时、周到,尽量少用化学农药,禁用高毒农药,采用生物农药和综合防治,以生产优质、安全的椪柑。

三、岩溪晚芦

岩溪晚芦是从普通椪柑中选出的晚熟椪柑,针对岩溪晚芦生长结果习性,其无公害栽培应掌握以下技术要点。

1. 选择栽植密度 岩溪晚芦生长势较旺,为避免过早封行郁闭,宜选 3 米×4 米株、行距,即每 667 $米^2$ 栽 56 株为宜。

2. 加强肥水管理 该品种晚熟,1 月底至 2 月初才采收,有的到 2 月底至 3 月初才采收,故应加强肥水管理,防止营养亏缺而出现大小年及树势衰退。施肥要求:一是施足基肥,施肥期为 3 月份,施肥量依树龄而定。通常 10 年生树株施桐麸 5～7.5 千克、鸡粪 10～15 千克、猪牛栏粪 20～30 千克,肥料与土壤充分拌匀后覆土。二是巧施春芽肥,春芽肥即采果肥,采果后及时施下,肥料以速效氮肥为主,干旱时宜对水施,株施复合肥 0.5 千克加尿素 0.2～0.3 千克,对水 40～50 升,土壤施肥。三是重施攻梢肥,宜在 7 月初施,株施复合肥 0.5 千克、尿素 0.2 千克。四是重视采前肥,9～11 月份结合抗旱,每月施水肥 1～2 次,肥料用 1%～1.5% 复合肥液或 0.4%尿素＋0.4%硫酸钾＋1%过磷酸钙浸出液的混合液淋施,株施 35～50 升。有条件的还可以在液肥中每 667 $米^2$ 加 2～3 千克生物磷钾菌剂,以利于提高肥效。

3. 做好整形修剪

(1)幼树整形 幼树培养多主枝的树形。为解决生长势旺,分枝角度小，翌年即采取拉枝，加大分枝角度，通过 2～3 年拉枝加摘心、短截，即可培养成丰产树形。

(2)结果树修剪　以疏剪为主，疏除树冠中下部枯枝、细弱枝、荫蔽枝和树冠中上部的过密枝。

4. 采取保花保果　岩溪晚芦虽花量大，但坐果率低，应采取保花保果措施，尤其是第一次生理落果期前的保花保果。具体做法是落花 1/3 及落花后 15 天左右喷施柑橘专用保果素(以细胞激动素为主)或赤霉素 2 次，浓度为 50 毫克/千克；也可在落花后 15 天喷施 0.2%～0.3%磷酸二氢钾＋0.4%尿素溶液。

5. 防治病虫危害　病虫害要及时防治，尤其是锈壁虱的防治，注意观察虫情，当园内少数果上出现暗灰色时即喷药，喷施1～2 次，药剂可选苦・烟水剂。

四、少核(无核)红橘

少核(无核)红橘是中国农业科学院柑橘研究所、重庆市万州区农业局果树站通过辐照处理和选种从红橘中选出的优良株系，丰产、少核(无核)、品质优。其无公害栽培技术要点如下。

1. 选择优良砧木　以枳为砧木的红橘树能早结果和丰产，而且果实质优。但是，往往坐果多而小。在碱性土壤中，易出现缺铁黄化，因此，宜在微酸性和中性的土壤中栽培。以红橘作砧木的共砧红橘，耐碱性极强，可在微碱的土壤中栽培，但结果较枳砧红橘晚，栽培上宜采取加大分枝角度的措施，使共砧红橘提早或适时挂果。

2. 加强肥水管理　幼树施肥以氮肥为主，要勤施薄施，促梢扩冠，尽早投产。成年结果树，一般要施采后肥、催芽肥和壮果肥。采后肥宜采前或采后(12 天)施，需重施，以促树势尽早恢复。肥料以有机肥(猪粪水等)为主，配合氮、磷、钾肥，施肥量占全年施肥量的30%～40%。2月中旬施催芽肥，以氮肥为主，施肥量占全年施肥量的15%～20%。壮果肥在8月中下旬施，肥料以有机肥为主，配合氮、磷、钾肥，施肥量占全年施肥量的30%。此外，在3月上旬和4月上旬，要结合病虫害防治喷施0.5%尿素溶液各1次。6月中旬要进行叶面追肥，喷施0.5%尿素溶液稳果。

红橘树挂果多少不同，其施肥次数和施肥量也应不同。要在春季重施有机肥，保证肥效后劲的基础上，对大年树，在稳果后(7月份)要追施夏肥，并进行疏果，疏除过小果、病虫果、畸形果和近地面果，提高优果率，促发早秋梢，均衡叶果比。这对保证当年优质丰产和翌年有足够的结果母枝都有益处；对小年树，则不施夏肥，也不疏果。

在红橘园压埋绿肥，能显著提高产量。8年生红橘做压埋2次绿肥、1次绿肥和不压埋绿肥处理，结果单株产量分别为38.3千克、19.85千克和13.65千克，压埋2次绿肥的平均株产为不压埋绿肥的2.8倍，压埋1次绿肥的产量为不压绿肥的1.5倍。

要及时灌水。在红橘发芽、开花的4月份和果实膨大的8～10月份需水量特别大，应及时灌溉，以保证树体对水分的需要。

3. 及时防治病虫　特别注意对螨类，蚧类的矢尖蚧和天牛等害虫的防治。

五、南丰蜜橘

南丰蜜橘原产于我国江西南丰，以其果小味甜广受消费者欢迎。果农也乐于种植，近年俏销价好，其无公害栽培技术要点如下。

1. 肥水保果　南丰蜜橘花量大，落花落果多，为提高其坐果率，一般采用肥水相结合的保果措施。成年结果树株施催芽肥(人畜粪水)25千克、钙镁磷肥3～4千克。对开花少的结果树于5月上旬用50毫升/千克赤霉素＋0.3％尿素＋0.3％磷酸二氢钾保果剂。对缺硼、锌的植株，可在春梢发芽期和花期各喷1次0.2％硼砂和0.2％硫酸锌溶液。

2. 促梢壮果　秋梢或春秋二次梢是南丰蜜橘最好的结果母枝，秋梢抽发期又正值壮果期，为保当年产量和翌年继续丰产，宜于7月上中旬施重肥，株施三元复合肥2千克、饼肥1.5千克、人粪尿25千克或猪牛厩肥50千克、钙镁磷肥1千克。

3. 合理修剪　注意培养丰产树形，修剪宜轻，尽可能保留辅养枝，以利于早结果。成年树修剪分春季和夏季修剪。春季修剪适当疏删和短截外围衰弱枝群、病虫枝、交叉枝，注意保留内膛枝。夏季抹芽控梢，5月中旬开始，每周1次，直至7月上旬放梢。

4. 灌溉防裂　南丰蜜橘园土壤水分保持在18～45千帕为适量范围，高于45～50千帕应灌水，低于18千帕须排水。灌溉时地下部灌水，地上部喷水则更佳。

5. 疏果提质　对大年结果树，生理落果停止后的7～8月份进行疏果，疏除病虫果、小果、过密果、畸形果等。疏去果量达30％，有利于提高优等果率和翌年继续丰产。

六、砂糖橘

原产于广东四会的砂糖橘，因其外观内质均佳而呈较快的发展势头，现综合各地，主要是广东、广西产区种植，其无公害栽培技术要点如下。

1. 园地、砧木选择　选无霜、冻害且避风的地域建园。用酸橘作砧木。

2. 定植重施基肥　山地红壤土定植时，挖深、宽为80厘米×100厘米的穴(沟)，每株施土杂肥(杂草、绿肥等)50千克、石灰0.5千克、厩肥(畜、禽粪)20千克、钙镁磷肥1千克、麸0.5～1千克(3种肥先堆沤腐熟)。水田建园选排水良好地块,四周挖排水沟深80厘米,定植沟要破犁底层或培土,株施精肥10千克、钙镁磷肥1千克、麸0.5～1千克。

3. 重视整形培冠 砂糖橘结果后树形参差不齐,定植后应培养自然圆头形树冠。在主干离地面25厘米以上留生长强、分布均匀、相距10厘米的枝梢3～4条为主枝,除留少量辅枝外,其余过密、过低、分布不匀和短小纤弱枝剪除。每一主枝第一次发梢只留1条,促其生长,停梢后在35～40厘米处摘心,使其在25～35厘米处抽发第二次梢,选留2～3条不同方位、分布均匀、生长健壮的梢作为副主枝。以后放梢依此进行。翌年采取拉枝或吊枝,使主枝与水平成40°～45°角,经2年培养可形成自然圆头形的树冠。

4. 抓好大树修剪 结果后的大树主要剪除枯枝、病虫枝。密生枝"三去一,五去二"疏剪弱枝。交叉枝、重叠枝留空去密,留强去弱。幼树结果后的下垂枝留上方枝短截,徒长枝除留可填补树冠空缺以外的均作剪除。强旺营养枝,促发下部侧枝的可短剪,衰弱枝序缩剪至较强枝梢处。成年结果树下部和内膛的小枝易成花坐果应保留。

生长结果树秋梢是主要结果母枝,要注意培养。树势旺的低龄树为促花芽分化,可用全园控水(短时叶卷为止),10月上旬环割树干一圈或喷15%多效唑可湿性粉剂500倍溶液等措施。

5. 加强肥水管理 每年6～7月份扩穴施有机肥,改良增肥土壤。开始结果的树施萌芽肥、稳果肥、攻梢壮果肥和采果肥。

(1)春梢肥　春芽萌动前10～15天株施尿素0.1～0.3千克+复合肥0.1～0.3千克。

(2)稳果肥　谢花2/3至幼果期株施0.1千克尿素或叶面喷施0.3%尿素。

(3)攻梢壮果肥　在放梢前10天,通常7月中下旬施,株施尿素0.2～0.3千克+硫酸钾0.2～0.3千克。

(4)采果肥 采果后尽早施腐熟的畜粪水或麸水，株施 10～15 千克。

6. 采取保花保果 砂糖橘花量大，自花结实率低，幼树生理落果严重。春梢过多的植株抹梢 1/2～2/3；第一次生理落果后抽生的夏梢及时抹除，开花前后喷 2～3 次含硼、氮、磷、钾的叶面肥；谢花 2/3 和第二次生理落果期前各喷 1 次 20 毫克/千克赤霉素溶液，以达保花保果之目的。

7. 注重病虫防治 有黄龙病的产区做好该病防治，采取种植无病苗、严防木虱，嫩梢长 1～2 厘米时，全面喷药 1～2 次，药剂选用 40%乐果乳油 800 倍液，或 20%氰戊菊酯乳油 1500～2000 倍液。抹除零星嫩梢、挖除病树等，同时做好疮痂病、炭疽病、红蜘蛛、锈壁虱、潜叶蛾、介壳虫和蚜虫等的防治。

七、马 水 橘

马水橘因其果小、色泽金黄、品质优，近年广受市场欢迎，果农也乐意种植，其无公害栽培技术要点简介如下。

1. 选好砧穗组合及园地 两广宜选酸橘或三湖红橘作砧木。以利于优质丰产。园地宜选土壤深厚肥沃、水源充足的地种植。

2. 防止异常生理落果 马水橘在广东阳春种植，第一次生理落果轻，第二次生理落果严重。4～5 月份高温干旱、水源不足常加剧生理落果。对此应在谢花后喷施保果剂等措施保果。加强肥水管理，重施谢花肥，花量中等以上的树每株施花生麸 1.5 千克＋复合肥 0.25 千克＋硫酸钾 0.15 千克。花量少的树酌情少施，并结合喷施 0.3%尿素＋0.2%磷酸二氢钾＋0.03%核苷酸 2～3 次(隔 7～10 天 1 次)，土壤施肥后灌水，加速小果生长。及时防治病虫害，防治红蜘蛛、炭疽病危害而落叶落果。

3. 综合防止发生裂果 马水橘皮薄，易裂果，通常裂果率为

10%～20%，严重的高达 40%～50%，应采取及时抹除夏梢、疏除过多小果、及时施肥、果园覆盖和保持水分相对平衡等措施。夏芽在 3～5 厘米长时抹除；稳果后以 20～25 片叶留 1 个果，疏除小果；及时施肥，夏季土施稀的花生麸水，并结合叶面喷施 0.2%硝酸钙＋0.1%硼酸＋0.2%磷酸二氢钾溶液，施肥防止 1 次施过多而引起大量裂果。放秋梢前 1 个月株施鸡粪 10 千克＋复合肥 0.2 千克；秋梢转绿期，株施复合肥 0.2 千克；果园覆盖或生草栽培，防止土壤干湿变化过大。

4. 培养健壮结果母枝 立秋至秋分促放秋梢，在能控制冬梢的前提下，秋梢尽量早放。秋梢老熟后，应先控水控肥，并结合喷多效唑，浓度 100 毫升对 50 升水，也可环割主枝或副主枝 1～2 圈，控冬梢萌发而促进花芽分化。

5. 春季保果 促小果生长培养适量短壮春梢。一是采取施春肥，现蕾时株施复合肥 0.5 千克＋硫酸镁 0.05 千克(挂果 25 千克的树，下同)，并结合喷施 1 次 0.2%尿素＋0.2%硫酸二氢钾 ＋0.1%硼砂 ＋ 0.1%硫酸锌溶液的叶面肥。二是疏除过量春梢，以更多养分供小果生长发育。

八、大　浦

大浦等特早熟温州蜜柑无公害栽培技术要点如下。

1. 选好园地 为发挥特早熟温州蜜柑早熟优势，克服其树势较弱、不耐渍涝的缺点，园地要选耕作层浅、排水良好、日照充足、不太肥沃的山坡地种植为宜。水田改种会因土层深厚肥沃而推迟果实成熟期，果皮厚而粗，果味变淡，品质下降。在过于瘠薄的红壤土种植，则会树势过弱，产量很低。不适的土壤一定要经改良，种植才能达到早结果、优质、丰产稳产的目的。

2. 壮苗密植 枳砧大浦树体矮小，适宜矮化密植，株、行距一般用2米×3米，即每667米^{2}栽112株。种植壮苗，是大浦投产后保持树势健壮、丰产稳产的关键。壮苗从苗圃开始培养，选排水良好、土壤肥沃疏松、光照充足之地建苗圃培育壮苗，最好培育无毒的容器壮苗种植。

3. 树冠培养　为使种后第三年始花结果，定植前土壤要进行深翻，定植穴要施腐熟的猪牛栏肥等作基肥，并与土拌匀，春、夏、秋各次梢追施速效氮、磷肥，以氮肥为主，促使新梢多而整齐。一般不作剪枝而任其生长，加速树冠形成。第二年蕾期摘除花蕾，促梢生长，第三年始花结果。

结果后树势易早衰，维持树势是丰产稳产的关键，常采取疏花疏果、秋季重施“还阳肥”、修剪等方法。以疏花为主，首选是疏除劣质花果，其次也可喷施赤霉素抑制花芽分化，日本通常在12月份喷施20～25毫克/千克赤霉素。重施“还阳肥”，果实采后施用饼肥配合速效化肥最佳。以轻剪为主，夏季结合抹梢。常用枳作砧木，出现树势衰退前用香橙或枸头橙靠接，保持粗壮树势，继续丰产。

4. 科学施肥　幼树施肥要求基肥足，追肥少而多次，勤施薄施，春、夏、秋梢抽梢前土施稀薄的人粪尿或0.3%～0.5%尿素溶液，新梢转绿期叶面喷施0.3%尿素、0.2%磷酸二氢钾溶液。越冬株施有机肥、畜栏肥20～30千克，结合扩穴改土进行。

结果树，重施“还阳肥”，肥量占全年的70%，株施尿素0.25～0.4千克、钾肥0.25千克、菜籽饼2～2.5千克，采果肥越早施越好。

九、稻　叶

稻叶是我国从日本引进不久的特早熟温州蜜柑品种，各地试种表现早熟、优质、丰产，其无公害栽培技术要点如下。

1. 改土定植 稻叶以枳作砧木树冠矮小，宜适当密植，株、行距为2～2.5米×3～3.5米，即每667米^{2}栽89～110株为宜。种植挖长、宽、深为1米×1米×1米的定植穴（沟，长不限），每穴施稻草或杂草15千克、钙镁磷肥（酸性土壤）1.5千克，农家肥15千克或饼肥5千克、石灰（红壤）1千克，分层混施，作基肥改土，然后按常规的要求定植，栽后用稻草或杂草覆盖树盘。

2. 因树施肥

（1）幼树 当年枝梢生长期，春、夏、秋梢抽生前土施尿素或复合肥，株施尿素50克，或氮、磷、钾含量均为15%的复合肥150～180克，结合病虫害防治，在各次梢自剪、转绿时叶面喷施0.3%尿素、0.3%磷酸二氢钾等溶液。11月份施基肥与扩穴结合，株施稻草或杂草15千克，农家肥20千克、饼肥3千克或有机肥5千克，复合肥0.25千克、钙镁磷肥（酸性土壤）1千克，石灰（红壤）0.5千克。

翌年起在萌芽前、5月上旬、7月中下旬各追施1次肥，每次株施尿素100克+复合肥100克；冬季仍按第一年标准扩穴施肥。扩穴培肥2年内完成。

（2）成年树 每年施3～4次肥。花前肥在3月上中旬株施复合肥1～1.5千克；稳果肥在5月上中旬株施复合肥1～1.5千克；壮果肥，结果较多的树在6月中下旬株施复合肥1～1.5千克、硫酸钾100克；冬肥宜早施，9月上中旬采果后及时株施腐熟人粪肥25～30千克、饼肥2.5～3千克、生物有机肥2.5千克或尿素1千克+复合肥0.5千克。此外，在幼果期至采果前及采果后每15天喷施1次0.3%磷酸二氢钾溶液，以提高果实品质，促进花芽分化。

3. 间种覆盖 幼树行间及梯壁间种绿肥，如印度豇豆、花生、大豆等，并在5月中旬、7月下旬进行刈割覆盖，保持树盘湿润；6月下旬停止除草，以降低橘园辐射热，减少日灼果。

4. 整形修剪　幼树以放梢、摘心为主，配合抹芽、撑、拉、吊，促进春、夏、秋梢生长，迅速形成自然开心形树冠。投产树"疏春梢、控夏梢、促秋梢"，疏除或短截树冠上部细长的春梢；夏季结果树抹除全部夏梢；促发秋梢，少短截，可适当拉枝、扭枝，保持其旺盛生长，晚秋梢摘心或抹除。短截或疏除直立徒长枝，剪除内膛荫蔽枝、交叉枝、重叠枝、病虫枝和枯弱枝，对结果母枝和枝组轮换回缩、短截，保持营养枝与结果枝的合理比例 1～1.5：1，使之连年丰产。

5. 花果管理　一是促早花，在 1 月下旬至 2 月初用地膜覆盖全园，提高地温，促进提早萌芽开花(视条件可能)。二是春季先保果后疏果。保果用常规方法。当幼果长至花生大时，即开始疏除病虫果、小果、残次果、簇生果和部分顶生果，叶果比为 25～35：1；喷施杀虫杀菌剂后，顶部及外围向阳果用纸袋套袋，防日灼和裂果，提高优果率。

6. 病虫害防治　春梢萌动及花蕾期用 0.7：1：100 波尔多液防疮痂病；花谢 2/3 时用 25%苯醚甲环唑乳油 2000 倍液，或氢氧化铜配合噻嗪酮兼治蚜虫、凤蝶及疮痂病、炭疽病；5～9 月份用 0.3～0.5 波美度石硫合剂(或 45%石硫合剂结晶 150 倍液)、炔螨特、三唑锡轮换喷施防螨类。夏、秋梢萌发 1～2 厘米长时，用 1.8%阿维菌素乳油 3000 倍液，或 10%吡虫啉可湿性粉剂 1200 倍液防治潜叶蛾，连续喷施 2～3 次。

十、天　草

天草的无公害栽培技术要点如下。

1. 选好园地适度密植　应选小气候条件优越、光照充足、冬暖、土壤肥沃深厚、排水良好的地域栽培。适当密植，以株、行距 2.5 米×3 米，每 667 米^2 栽 90 株为宜。

2. 整形修剪疏花疏果 搞好整形修剪。定植后留35厘米高定干，在剪口下20厘米的整形带中培养3～4个配置合理的主枝，每个主枝上再选留2～3个侧枝作为副主枝，促成丰产的骨架。由于天草枝梢具有丛生性，要多疏少截，把握“三留二，五留三”的疏枝原则，以促进树冠迅速扩大。对密生枝、交叉枝、抽生的徒长枝全部剪除。第三年可以少量挂果，要注意植株营养生长，促使形成丰产树冠。第四年可以根据树势确定挂果量。因该品种丰产易栽，坐果率高，结果过多会使果实变小，枝梢变细弱。故春剪要重，对主枝延长枝及侧枝应作短截修剪，以促使其抽发健壮春梢。要合理留果，通常叶果比以80∶1为宜。对弱枝的无叶花，要及早予以疏除。对高接树应尽量留足辅养枝，对1～3年生幼树，可采取拉枝为主的技术措施。

3. 加强肥料水分管理 天草需肥量大，肥料应多施，多用有机肥。施肥量应比温州蜜柑多20%～30%。一般1～3年生未结果树，春肥在3月初施，占总施肥量的20%；夏肥在5月上旬施，占30%；秋肥在8月上旬施，占20%；冬肥在11月中旬施，占30%。全年每667米^{2}施纯氮(N)13.5～17千克，磷(P_2O_5)8～10千克，钾(K_2O)10～13.5千克。对结果树，春肥在3月上旬施，占35%；夏肥在5月上旬施，占15%；秋肥在8月上旬施，占20%；冬肥在11月下旬施，占30%。全年施纯氮(N)25～30千克，磷(P_2O_5)17～20千克，钾(K_2O)19～21千克。同时，还可用疏果调节产量和树势。尤其是高换树，任其结果，很易出现早衰。在7～8月份如遇干旱或雨水不均匀，则易出现裂果，应适当灌水，每10天左右灌1次水。此外，对树盘进行覆盖，以保持土壤湿润，有利于树体生长。

4. 及时防治病虫害 天草对溃疡病和疮痂病的抗性较温州蜜柑弱，对主要病虫害的抗性也不如温州蜜柑，要加强防治。

(1)病害防治 以预防溃疡病(病疫区)、疮痂病和黑斑(星)病为主。在3月下旬至5月上旬，用0.6%～0.8%等量式波尔多液防治；在夏、秋季，用氢氧化铜或80%代森锰锌与链霉素进行混用防治。对生理病害，以防治日灼病为主，可采用灌溉、遮荫等措施。

(2)虫害防治　花蕾蛆在定植第三年开始挂果时防治，4月下旬至6月下旬，每667米^{2}用30%辛硫磷颗粒剂1.5～2千克，拌细土地面撒施，或用50%辛硫磷乳油1000倍液均匀喷洒地面。蚜虫在7～8月份用10%吡虫啉可湿性粉剂1500倍液，或40%乐果乳油800～1000倍液防治。在秋梢大量萌发，叶片长度不超过1厘米时，用1.8%阿维菌素乳油2500～3000倍液，或25%杀虫双水剂500～600倍液，每隔5～7天喷1次，连续2～3次。防治潜叶蛾、红蜘蛛在春末夏初，用99%机油乳剂200～250倍液，或2%四螨嗪可湿性粉剂，或48%多杀霉素悬乳剂2000～3000倍液，后期气温升高后，可用73%炔螨特乳油2000～2500倍液，或25%三唑锡可湿性粉剂1500～2000倍液，隔7～10天喷1次，连喷3次。此外，冬季清园结合修剪，剪去病虫枝、枯枝和清除落果落叶集中烧毁，并用3～5波美度石硫合剂喷布，能有效控制病虫害的发生。

天草单性结实强，与其他有核品种混栽，少量果实会有核，故应避免与有核品种混栽。因易丰产，故宜疏果，以提高优等果的比例。

天草宜用枳(或红橘)作砧木，用卡里佐枳橙作砧木，树势易早衰，结果少而小。

十一、橘橙7号

橘橙7号系重庆市农业科学院果树研究所从西班牙引进的诺瓦橘橙中选优而得，因优质、丰产稳产而发展较快，其无公害栽培技术要点如下。

1. 选好园地 应选水源充足、排水良好、土壤肥沃深厚、通透性好、微酸性的地域种植。山地、平地均可建园。山地坡度在20°以下,平地,特别是水田,要求地下水位低,易排水。

2. 配好砧穗 橘橙7号树势较强,以枳作砧木,结果早,丰产稳产。

3. 疏花疏果 橘橙7号花多,坐果率高,过多结果导致果实偏小。因此,宜在稳果后疏果。留果的叶果比以50～60∶1最佳,单果重可达139.4～159.6克,较叶果比35∶1的单果重126.7克,增加12.7～32.9克,≥70毫米的优质大果前者较后者高11.9%～42.4%。

4. 加强肥水

(1)幼树 一梢两肥和冬季施基肥,梢肥以氮肥为主,配施钾肥,结果前1年适施磷肥。

(2)结果树 施芽前肥、稳果肥、壮果促梢肥和采果肥。氮、磷、钾肥配合,有机、无机结合,土壤施肥和叶面施肥结合。施肥量以产量而定。株产100千克的施肥量,氮0.8～1千克,氮∶磷∶钾比为1∶0.5∶0.8～1。

橘橙7号对水分敏感,应在水源充足之地栽培,遇旱及时灌水,避免干旱增加果肉粒化,品质下降。

5. 整形修剪 对出现郁闭的树,冬季修剪以大枝修剪为主,以提高树冠受光面和内膛的受光率。剪下的枝叶清出园外。花前复剪,花多适当重剪,疏剪或短截一部分着生花蕾的结果枝。果实膨大期防治裂果落果,遇旱时灌水,疏松树盘、覆盖树盘。

6. 病虫防治 冬季清园,喷布石硫合剂结晶150～200倍液,春芽萌芽前再喷1次。4～5月份防治螨类、蚜虫、蚧类、黑刺粉虱和炭疽病、疮痂病等。药剂选用菊酯类、苦·烟水剂、乐果、甲基硫菌灵、多菌灵等。9月份喷布80%代森锰锌可湿性粉剂400～600倍液或其他杀菌剂。主要防治炭疽病和褐腐病。

7. 成片种植　无核的橘橙 7 号，宜单独成片种植，不与有核品种混栽，以免增加果实种子。

十二、春　见

春见是高糖类型的晚熟杂柑，我国从日本引入后，种植表现优质、丰产。其无公害栽培技术要点如下。

1. 配好砧穗适当密植　春见树势中等，宜用强势砧作砧木，如红橘、大叶枳等。因其树冠中等，宜适当密植，株、行距为 3 米×3～3.5 米，即每 667 $米^2$ 栽 64～74 株为宜。

2. 改土建园壮苗定植　春见树势较弱，丰产性强，宜选深厚、疏松肥沃、微酸性的土壤种植。瘠薄的土壤种植前改土培肥，种植后扩穴压肥，以满足植株生长结果的需要。选健壮苗木定植，最好是种植脱毒的容器苗，既成活率高、无缓苗期，又能更丰产和延长丰产稳定的年限。

3. 合理施肥及时灌水　未结果 1～3 年生树，每株施 1 次肥，以速效氮肥为主，冬季施 1 次有机肥。

结果树施春芽萌动肥、稳果肥，重施壮果促梢肥和采果肥。氮、磷、钾肥配合施用。

遇旱及时灌水，结合树盘松土和覆盖，以减少裂果和落果。

4. 疏果套袋提高品质　春见丰产，但为提高优质果率，可采取疏果和套袋的措施。疏果在稳果后进行，疏去残次果、病虫果、过小过密果，保持叶果比为 35～40∶1。6 月份可对果实进行套袋，以改善果实外观。加强肥水管理，遇旱及时灌水，地盘覆盖杂草，保持土壤水分变幅小。多施有机肥、饼肥，以提高果实糖度、品质。

5. 防病治虫适时采收　做好病虫害的防治，保果保叶，提高品质。适时采收，过熟采收时果皮易发软，影响果实贮运。

十三、清 见

清见是高糖晚熟的杂柑品种,20 世纪末,我国从日本引进表现丰产优质而发展种植,其无公害栽培技术要点如下。

1. 选好园地 选择热量丰富的地块栽培。冬季极端低温不低于 3℃的暖地,南坡向阳地,以及土层深厚肥沃、排水良好的地域建园,以利于植株的生长和发育,获得良好的效益。

2. 配好砧穗 枳和红橘均可作清见的砧木。枳砧清见生长量减小,花量增大,产量明显较高,果实品质较好;用红橘作砧木表现生长势旺,产量也较高,但果实品质稍差。

3. 整形修剪 树形有自然开心形、二级杯状形等。以二级杯状形为最好,它具有内部光照好,内外坐果,单位容积结果多,树体矮化,果实品质佳等优点。二级杯状形有主枝 3 个,分枝角度保持在 65°～70°,分枝间距大,有利于光线射入树冠内部。有副主枝 6 个,分枝角度为 15°～20°。第二副主枝的侧枝短,树高控制在 2.5 米。修剪时,要剪除病虫枝、枯枝、过密过弱枝等。

4. 注意疏果 清见的叶花比例高,结果性好,但结果过多,容易造成隔年结果的现象,故应进行疏果。但结果过少,会因果实过大而使品质下降,故结果量应适宜。

5. 病虫防治 主要的病虫害有炭疽病、灰霉病、黑斑病、日灼病、红蜘蛛、锈壁虱、潜叶蛾、木虱、尺蠖、粉虱、蚜虫、夜蛾、介壳虫、天牛等,注意做好防治。此外,蜗牛也为害嫩叶、嫩枝和果实,造成花皮果,应注意防治。

6. 贮藏保鲜 清见可留树贮藏保鲜,至 3 月份风味仍好,但会随气温增高而果皮色泽变差。采后宜在 5℃～8℃条件下贮藏,10℃以上易发生干疤。用薄膜包果,可减轻干疤。

十四、不知火

不知火杂柑无公害栽培技术要点如下。

1. 选好园地　不知火耐寒性较温州蜜柑差，且成熟期晚，应选冬暖、背风向阳地域建园，选土壤肥沃疏松、土层深厚、水源充足之地种植。

2. 配好砧木　选用强势的枳(如大叶大花)或红橘作砧木，以增强树势，防止早衰。

3. 适度密植　不知火树姿较直立，种植密度以株、行距为2.5～3米×3米，即每667米^{2}栽74～89株为适。

4. 适当疏果　不知火结果多后，新梢易变细变短，叶片变小，树势变弱，易形成大小年甚至隔年结果，因此，应适当疏果。在结果的第二年和第三年为防树势衰弱，应以基部结果为主，而主枝顶端部分宜极早疏果。3年以后，在7月中旬落果停止后，开始第一次疏果，主要疏除畸形果，留有叶果，对于有裂果发生的年份，宜在8月下旬至9月初疏除裂果和畸形果。9月20日前后，要求果径达到6.2厘米以上，对果径过小的也可疏除，且以保持叶果比80～85∶1为宜。

5. 肥水管理　加强肥水管理，防止树势早衰和黄化。结果树通常施3～4次肥；3月份施的春肥占20%，4～5月份增施的花蕾肥占15%。秋肥分2次施：8月下旬至9月上旬施肥占25%，10月中下旬施肥占40%。全年施肥以秋肥为重点。树势弱的树，采果后用0.3%尿素溶液和0.3%磷酸二氢钾溶液叶面喷肥2～3次，以利于花芽分花和恢复树势。为防止8～9月份裂果，应做好夏伏旱的防止，每隔10天左右灌1次水。

6. 防病治虫　坚持“预防为主，防治结合”的原则。1～12月份的防治方案分别介绍如下。

(1)1 月份　冬季清园，剪除病虫枝，集中烧毁，全园喷施 45％石硫合剂结晶 100～120 倍液。

(2)2 月份　同 1 月份。

(3)3 月份　预防、控制炭疽病、螨类和蚜虫等，药剂可选用氢氧化铜、甲霜灵锰锌、矿物油、甲氰菊酯、哒螨灵、炔螨特、噻螨酮等。防治花蕾蛆可选 45％辛硫磷乳油 800 倍液喷施树冠，用 45％辛硫磷乳油 300～500 倍液或 90％敌百虫可溶性粉剂 600 倍液喷树盘土面。

(4)4 月份　预防、控制螨类、蚜虫、潜叶蛾、卷叶蛾、凤蝶、粉虱、花蕾蛆等。药物可选用噻螨酮、矿物油、毒死蜱、三唑锡、唑螨酯、苯丁锡、哒螨灵、辛硫磷(地面喷施)。人工捕杀天牛等干性害虫。

(5)5 月份　预防、控制螨类、凤蝶、粉虱、介壳虫、叶甲等，药物可选用炔螨特、机油乳剂、毒死蜱、溴螨酯、双甲脒、Bt 等。

(6)6 月份　预防、控制潜叶蛾、凤蝶、粉虱、介壳虫，药物可选用杀扑磷矿物油、三氟氯氰菊酯、吡虫啉等。

(7)7 月份　预防、控制潜叶蛾、凤蝶、卷叶蛾等，药物可选用矿物油、氯氰菊酯、吡虫啉等。

(8)8 月份　害虫同 7 月份，药物可选用阿维菌素、矿物油、三氟氯氰菊酯、杀螟丹等。

(9)9 月份　预防、控制潜叶蛾、螨类、蚜虫等，药物可选用阿维菌素、矿物油、哒螨灵等。人工捕杀天牛等干性害虫。

(10)10 月份　预防、控制潜叶蛾、螨类、蚜虫、炭疽病等病害，药物可选用炔螨特、三唑锡、矿物油、代森锰锌、甲基硫菌灵等。

(11)11 月份　对盛果期结果树完熟栽培的，喷施 50～100 毫克/千克赤霉素溶液 1～2 次，防止冬季低温落果。

(12)12 月份　清园。全园树冠喷施 45％石硫合剂结晶100～120 倍液。

十五、默科特

默科特，台湾称茂谷柑，是晚熟的高糖品种，丰产，果形美、品质好，深受市场欢迎。在重庆三峡库区等发展，既出口又内销，货俏价好。其无公害栽培技术要点如下。

1. 配好砧穗组合　用枳作砧木，早结果，丰产；用红橘作砧木，结果稍迟，树势较旺。但枳砧大年果实成熟时，常出现叶片黄化。

2. 选好园　种好树　默科特系晚熟品种，种植之地以选极端低温在0℃以上的地域为适。由于果实易受日灼，又易遭风害，最好园地周围有防护林保护。种植要挖深、宽分别为0.8米和1米的定植穴，分层施足基肥，且腐熟后种植，适宜的株、行距：4米×5米，即每667米^{2}栽56株为宜。

3. 加强肥水管理　默科特结果过多，果实成熟时常出现叶片黄化、植株衰败的现象，因此，栽培上要注意氮、钾肥的施用，其用量应为普通成年柑橘树的1.5～2倍，每667米^{2}施纯氮35～45千克、纯磷25～30千克和纯钾28～32千克，并尽可能多施用有机肥，以改良土壤理化性质。

4. 防止裂果、日灼　默科特果实皮薄，较易发生裂果，应加强果园灌、排水的管理，夏秋季若大量抽生徒长枝时，应及时剪除徒长枝，以免植株旺盛生长，吸水过多，造成大量裂果。默科特常在枝条顶端坐果，易引起日灼，可在8～9月用牛皮纸胶带或白纸粘贴在果实阳光直接照射的部位，防日灼效果好。11月份果实转色时，喷1次45%石硫合剂结晶300倍液，果实色泽美观鲜艳。

5. 大年果实疏果　为防结果过多出现叶片黄化和树势早衰，可在大年稳果后进行疏果，除去密生果、偏小果、病虫果等，以20～25∶1的叶果比留果。疏果还可提高优果率。

十六、早金甜橙

早金甜橙是20世纪末从美国引入我国各地，尤其在三峡库区种植表现早结果、丰产、稳产。早金既可鲜食，更宜加工，其无公害栽培技术要点如下。

1. 配好砧穗　早金甜橙以卡里佐枳橙作砧木，树冠较大，长势较旺，早结丰产，偏碱土壤可用资阳香橙、红橘作砧木，虽结果稍晚，仍丰产。

2. 改土建园　枳橙砧早金甜橙生长快，树势旺。园地应选土层深厚、疏松肥沃、呈微酸性的土壤种植，达不到要求的要改土培肥。方法是定植前挖深、宽各1米的定植穴（沟，长不限），每穴施绿肥、秸秆30千克，畜栏肥5～10千克，过磷酸钙2～3千克，混合腐熟，分层入穴。定植后1～3年，随树冠扩大，在树冠滴水线下开环状沟埋压上述肥料，3年内扩穴改土完成，为以后丰产稳产奠定基础。

3. 整形修剪

（1）幼树整形　为能使枝梢快长，尽早形成树冠，结果前任植株生长，不动剪，仅做必要的撑、拉处理。修剪是除萌，去除枯枝、病虫枝，整形修剪采取“先乱后治”的方法。

（2）结果树修剪　采用粗剪、轻剪的方法。枳橙砧早金修剪包括：一是剪除干枯枝、纤弱枝、病虫枝、密生枝、果把（柄）和位置不当的直立枝；内膛徒长枝只保留可填补树冠空缺的，其余尽早剪除。二是影响农事操作近地面的下垂枝剪除或回缩抬高其结果部位；对树冠上部的过密枝梢可剪除部分，未老熟的晚秋梢作剪除或疏删短截结合。三是扰乱树形，造成树冠密闭的作疏除或回缩；对病虫危害的植株剪除病虫枝叶，集中至园外烧毁。四是大枝直立生长造成郁闭的，可用小竹竿撑的方法扩展树冠，改善光照。

4. 管好花果 早金甜橙丰产性好，一般可不保花保果。用作鲜食的可在稳果后适当疏果，以提高优质果率。用于加工的注意不可过度结果，以免出现大小年或树体早衰。

5. 病虫害防治 幼树注意炭疽病、苗疫病、树脂病、螨类、蚜虫、凤蝶、潜叶蛾、卷叶蛾、叶甲等的防治。结果树除防治上述病虫害外，还应注意黑斑病、蚧类、天牛、锈壁虱等的防治。溃疡病区要做好溃疡病防治，枳砧早金甜橙还要做好裂皮病的防治。

十七、特洛维他甜橙

20世纪末从美国引入我国种植，表现早结丰产。果实宜鲜食更宜加工橙汁，其无公害栽培技术要点介绍如下。

1. 培育壮苗 可用卡里佐、特洛亚等枳橙、枳和红橘作砧木。卡佐枳橙砧苗健壮生长快，尤其是无毒的容器苗，2年生苗高1.8米，树幅1.4～1.5米×1.3～1.5米，生长比早金甜橙和哈姆林甜橙快。

2. 选园稀植 山坡地、平地(水田)均可种植，选土壤深厚、疏松肥沃、微酸性至中性的土壤种植。达不到要求的种前和种后1～3年内进行改土，以利于早结果、丰产稳产。株、行距以3米×5米，即每667米^{2}栽45株为宜。种植过密，未结果或一开始结果即出现枝梢交叉，树冠郁闭而不能丰产。

3. 肥水管理 因其生长快，结果多，需肥水比普通甜橙要大。

(1)未结果树 通常幼树定植到结果前，以施速效氮肥为主，配施钾肥。每年春、夏、秋梢抽发前和转绿前后每株施2次肥。第一年每株施尿素50克，或三元复合肥50～60克/株，10月份施越冬肥，畜栏肥、有机肥、复合肥混合。结合病虫害防治叶面喷施0.3%磷酸二氢钾溶液或微肥(根据需要)4～5次。第二年施肥时间同第一年，施肥量较第一年增加80%～100%。第三年施肥量较第二年增加 80%～100%，并配施磷肥，加大钾肥量，以利于翌年结果。

遇旱及时灌水，特别是果实膨大期缺水会影响果实膨大，保持土壤湿润，减小水分变幅，以减少裂果落果。

（2）成年结果树　施春梢肥、稳果肥、壮果肥和采后肥。施肥量因树而异。以 100 千克产量计，肥料的氮∶磷∶钾比为 1∶0.4～0.5∶0.8。株施纯氮 1 千克、纯磷 0.4～0.5 千克、纯钾 0.8 千克。

4. 病虫防治　与早金甜橙同。

十八、北碚 447 锦橙

北碚 447 锦橙，1980 年选自重庆市北碚区歇马乡板栗湾锦橙园。结果早，丰产稳产，其无公害栽培技术要点如下。

1. 配好砧穗选好园　北碚 447 锦橙以枳为砧，在微酸性土壤中表现早结果，丰产稳产，又抗脚腐病；但在碱性较重的土壤易发生缺铁黄化，使树体早衰。红橘砧较耐碱性，但投产较枳砧晚，不抗脚腐病。因此，北碚 447 锦橙园地的选择，除应注意土层深厚、肥沃外，还应注意酸碱性，并根据土壤酸碱性确定砧木。枳砧北碚 447 锦橙易患裂皮病，应注意预防。红橘砧北碚 447 锦橙，幼树应采取加大分枝角度等措施促使其早结果。

2. 加强施肥保丰产　一要重点抓好花前肥、壮果促梢肥和采果肥。应看树施肥，在三峡库区，健壮结果幼树的花前肥在 2 月底至 3 月初施，占全年用肥量的 25%；壮果促梢肥在 7 月上中旬施，占全年用肥量的 50%；采果肥（冬肥）在采收前半个月左右施，约占全年用肥量的 25%，以利于扩大树冠，提高产量。对弱树，除上述 3 次施肥外，还宜在开花末期补施 1 次，肥料以腐熟的人、畜粪水为主，也可用其他腐熟的有机肥。成年结果树施肥以有机肥为主，化肥为辅。还可根据当年结果量的多少，决定施肥与否。如小年树、春梢多、结果少，翌年已有足够的结果母枝，可不施促梢肥；反之，大年树、坐果多、春梢弱，为促晚夏梢、早秋梢，7月中下旬的促梢肥必须施足。此外，为提高北碚447锦橙对肥料的利用率，还可进行根外追肥（叶面喷施）。

3. 及时灌溉防旱害　采果后的冬季若出现干旱，不仅树体不能及时恢复，而且影响树体的营养物质积累，使新梢叶片褪绿，花芽分化过多，导致树体明显变弱。故在冬旱之地，采果后要灌1次水，以后视情况隔15天或1个月再灌1次。春旱影响春梢生长和开花，故春季灌水是保梢、保花和稳果的重要措施。夏干伏旱，伴随高温，使土壤水分蒸发量和叶片蒸腾量剧增，如果缺水，会使果实变小，果皮皱缩，影响产量；若严重缺水，还会导致落果落叶，既影响当年产量，又影响树势和翌年产量。夏干伏旱时灌水保叶保果，对提高产量效果明显。久旱不雨，会影响果实膨大，一旦集中下雨旱情解除的同时，会因果肉生长快于果皮生长而出现裂果，故应采取及时灌水、树盘覆盖等措施。

4. 重视保花保果实　花期和幼果期遇阴雨连绵或异常高温，少核、无核的北碚447锦橙会加剧生理落果，影响产量。通常宜采取综合保果措施。如遇异常高温，可灌水降温，而喷灌效果则更显著。采用植物生长调节剂保果，控制夏梢（幼树），以果压梢，加强病虫害防治等均为有效的措施。

5. 利用夏梢增产量　初结果树注意利用夏梢，通常留2～3片叶摘心，观察其对第二次生理落果影响不明显，且摘心后夏梢叶片比未摘心的大1倍以上，翌年产量较抹芽梢树有增加的趋势。

十九、中育7号甜橙

系中国农业科学院柑橘研究所用人工诱变（辐照）方法育成的

优良品种，以其优质、丰产稳产而发展种植，其无公害栽培技术要点如下。

1. 选配砧木 中育7号甜橙，枳、红橘、香橙、枳橙等均可作砧木。以枳砧树冠稍矮小，结果早，丰产；红橘砧、香橙砧树势较强，耐碱，结果较迟，但后期丰产；枳橙作砧，植株生长快，早期也丰产。微酸性至中性土壤用枳砧，偏碱土壤用红橘、香橙作砧木。枳橙砧2～3年能始花结果，7～8年生树株产39～50千克。

2. 选园定植 园地选有水源，土壤深厚、疏松肥沃、微酸性，光照条件好的地域种植。定植时最好用无毒的容器苗，挖深、宽各1米的定植穴，施绿肥、秸秆、畜栏肥作基肥，分层压埋改良土壤，腐熟后（3～4个月）春植或秋植。种植密度为3米×4米，即每667米^{2}栽56株。

3. 肥水管理

（1）幼树 “一梢两肥”和基肥。1～3年生树，以氮肥为主，配施钾肥，各次梢抽发前10天左右，株施尿素30～100克。各梢叶片转绿前喷施0.3%磷酸二氢钾溶液。基肥株施10～20千克厩肥。

（2）结果树 每年施春芽肥、稳果肥、壮果促梢肥和采后肥。

4. 保果疏果 采取先保果，即防止花期和幼果期因异常气温而落花落果，采用增效液化BA＋GA（喷布型），与不保果相比可增产30%～50%。

5. 病虫害防治 做好炭疽病、树脂病、裂皮病、螨类、蚧类、潜叶蛾、叶甲、凤蝶、蚜虫的防治。

二十、德尔塔夏橙

20世纪末从美国引入，各地种植表现较丰产，果大，鲜食加工兼宜，尤适鲜销，其无公害栽培技术要点如下。

1. 配好砧木　卡里佐枳橙、特洛亚枳橙、枳、红橘、香橙等均可用作砧木，以卡里佐枳橙作砧植株生长快，树势旺，结果好。

2. 选园栽植　园地选年平均气温为18℃～21℃，极端低温在－3℃以上的地域，土壤微酸性至微碱性，以微酸性为适。要求土层深厚，土壤疏松肥沃。瘠薄、酸性红壤要进行加厚培肥土壤，降低酸性的改良。

苗木以卡里佐枳橙砧无病毒容器苗为佳，苗木嫁接口高度离地约15厘米。种植宜稀，以株、行距为3米×5米、3.5米×5米，即每667米^{2}栽45株、38株为宜。

3. 肥水跟上

(1)1～3年生幼树　肥料勤施、薄施，每年春、夏、秋3季施6次梢肥，1梢2次肥，在每梢芽萌发前、叶色转绿时施，10月底施越冬肥，施有机肥、复合肥等。结合病虫防治喷施0.3%磷酸二氢钾溶液等3～5次。

(2)成年结果树　施春肥、夏肥、秋肥和越冬肥。春季看树施肥，以氮肥为主；夏季根外追施氮、磷、钾肥及微肥，土施复合肥；秋季施有机肥或绿肥，配合磷、钾肥；冬肥施腐熟的有机肥或复合肥。以夏、秋和越冬肥为重点，施肥量分别占全年的25%、30%和40%，以产量定施肥量。如100千克果实施纯氮1～1.1千克。氮∶五氧化二磷∶氧化钾为1∶0.5∶0.8。

春季连绵阴雨，注意排除积水，特别是水田改种的德尔塔夏橙园，2行1沟，甚至1行1沟开挖排水沟。夏干伏旱做好灌水防旱。

4. 保果疏果　花期、幼果期做好保果，稳果后疏果。

(1)保果　用增效液化BA＋GA(喷布型)每瓶(10毫升)加干净水10～15升，充分搅匀，配成稀液。在70%～80%谢花时用喷雾器对幼果进行喷施，以喷果实为主，叶片和新梢上尽量少喷。第一次喷后10～25天重喷1次，喷后12小时内遇雨，应天晴时补喷

1次。

(2)疏果　生理落果结束后，疏除残次果、小果、密生果，以叶果比为40～50∶1留果。为提高果实商品性，可在6月份选好果进行套袋。

5. 综合防治病虫　危害德尔塔夏橙的主要病虫害有炭疽病、脚腐病、红黄蜘蛛、矢尖蚧、卷叶蛾、潜叶蛾等。防治脚腐病需开沟排水，除草去湿，改变果园生态环境，结合刮除病斑涂药(甲基硫菌灵、多菌灵、波尔多液等)、换土培根、枳砧靠接，并结合根外追肥。防治红、黄蜘蛛需加强虫情预测、预报，冬季喷石硫合剂清园。夏、秋季保护利用及人工引移释放钝绥螨等天敌。对矢尖蚧、卷叶蛾采取综合防治。对潜叶蛾的防治需抹芽放梢，结合喷施1.8%阿维菌素乳油1500倍液或10%吡虫啉可湿性粉剂1200倍液。

6. 冬防落果　冬季低温会导致德尔塔夏橙落果，应采取防寒措施，也可在11月上旬喷施植物生长调节剂或套袋，防止冬季低温落果效果显著。

7. 春防回青　春季随气温升高，果实会出现回青现象，果色回青，品质下降，套袋可解决此问题。

二十一、塔罗科血橙

塔罗科血橙树势较旺，萌芽率、发枝力均强，枝梢易徒长，如管理不到位会出现旺长不结果，进而形成大小年，其无公害栽培技术要点如下。

1. 选好园地　以土层深厚肥沃、结构良好的微酸性土壤为好。达不到要求的园地，要在种植前和种植后1～3年完成土壤改良。种绿肥、施有机肥、畜栏肥等培肥土壤。

2. 配好砧木　鉴于该品种生长势较旺，不宜选强势砧作砧木。通常在微酸性土壤以枳砧最适。紫色石骨子地或盐碱地以资阳香橙、枳橙和枸头橙作砧木较好。高接换种以温州蜜柑或甜橙作中间砧为好。

3. 壮苗稀植 培育健壮苗木，最好是无毒容器壮苗，1 年生苗根系发达，1 干 3 分枝，种后无缓苗期，成活率几乎达到 100%，因为无病毒苗，丰产稳产年限比常规苗长，产量比常规苗高 30%左右。

塔罗科血橙宜稀植，一般以株、行距 3 米×5 米，即每 667 米^2 栽 45 株为宜。

4. 整形修剪 整形以撑、吊、拉枝为主，不是过长枝不轻易短剪。修剪宜轻不宜重，以疏剪为主。对即将开花结果的树，如树势仍旺，可适当疏去强旺枝梢，保留中等枝、弱枝和内膛枝；抹去夏梢或在生长至 25 厘米处摘心，以促发早秋梢。控制晚秋梢，为培育良好的结果母枝打下基础。

5. 促花保果 因其营养生长旺盛，成花较难，可采取环割(剥)、断根和植物生长调节剂促进花芽形成。上述方法可单独或结合使用。时间以 9 月份至 11 月初效果最好。环割以切断韧皮部为度，一般在侧枝、副主枝、主枝上进行。环剥轻重程度不易掌握，慎用。

4～5 月份根据花量选择保果措施。花量特别大的树，4 月份采取疏除部分结果母枝，以调节生殖生长和营养生长的平衡，喷布 0.2%硼肥＋0.5%尿素＋0.2%磷酸二氢钾溶液保果。5 月份谢花后再喷 1 次 0.5%尿素＋0.2%硼肥＋0.1%磷酸二氢钾溶液。

6. 加强肥水

(1)未结果幼树 1 年施 3～4 次肥。春梢肥在 2 月份至 3 月上旬施，株施尿素 50～100 克或复合肥 150～300 克，腐熟的人、畜粪水 5～10 千克。夏梢肥在 4 月底施，株施复合肥 0.1～0.3 千克，腐熟的人、畜粪水 5～10 千克；5 月底株施复合肥 0.1～0.2 千克，硫酸钾 0.1～0.2 千克和腐熟人、畜粪水 5～10 千克。秋梢肥在7月份、8月份株施复合肥0.15～0.25千克各1次。9月份株施复合肥0.2千克，但对翌年投产的树，适度控氮、控水，增施磷、钾肥，促进花芽分化。

(2)初结果树　1年施肥3～4次，春芽肥、稳果肥、壮果促梢肥和冬前肥。10～11月份施冬前肥，株施腐熟人、畜粪水10～20千克、草木灰1～1.5千克或硫酸钾50克。

(3)成年结果树　2月中下旬果实采后，根据树势施采后肥，也可与催芽肥结合施。株产50千克树的施肥量，株施45%复合肥1.5～2千克或2.5～3千克30%的生物有机肥。4月中下旬喷施0.2%硼肥+0.5%尿素+0.2%磷酸二氢钾溶液保果。7月上旬重施促梢壮果肥。株施腐熟的人、畜粪水50千克、腐熟的过磷酸钙1～1.5千克、硫酸钾0.1～0.15千克、饼肥2～2.5千克、尿素0.15～0.25千克，或株产50千克的树施45%复合肥0.75～1千克、30%生物有机肥1.5千克。10月份、11月份株施腐熟的人畜粪水50千克左右、硫酸钾0.1千克或草木灰1.5～3.0千克各1次。

灌水，除夏干伏旱适量灌水外，秋季应控水，有利于花芽分化。

7. 冬防落果　冬季低温易落果，宜秋末冬初用50～100毫克/千克赤霉素溶液喷果，每隔15天左右喷1次，连喷2～3次。

二十二、红肉脐橙

红肉脐橙以其红色的果皮、果肉受人青睐。其无公害栽培技术要点如下。

1. 配好砧木　红肉脐橙与枳、枳橙、枳柚、温州蜜柑及甜橙嫁接的亲和性均好。枳、枳橙、枳柚可作砧木；温州蜜柑、甜橙可用作中间砧，用于高接换种以单芽复接(多带木质部)恢复树势、产量较快，通常2年恢复树势开始结果，第二年株产15～20千克。

2. 选好园地　红肉脐橙最适年平均气温为17.5℃～19℃，≥10℃的年活动积温为5500℃～6500℃，果实成熟前的10月底至11月份昼夜温差大的脐橙适栽区，如三峡库区海拔在400米以下地域，冬季无霜冻或霜冻来临较晚之地种植为宜。

园址要选无旱涝的缓坡地及丘陵山地，适在疏松肥沃、深厚、微酸性土壤中栽培。土壤浅薄的种植前要挖槽改土，施足基肥；种植后2年内进行树盘扩穴埋有机肥或定期深翻，改良土壤。这样的园地可使红肉脐橙优质丰产。

3. 大苗定植　选择大苗、壮苗带土定植，最好种植无病毒1年生容器苗。红肉脐橙生长势不如纽荷尔脐橙，种植密度为山地株、行距3米×3米，即每667米^{2}栽74株；平地及缓坡地株、行距3米×4米，即每667米^{2}栽56株。

4. 加强肥水管理

(1)1～3年生未结果幼树　肥料勤施、薄施，每次梢萌动前株施尿素50～150克或人、畜粪尿2～5千克，促发春梢、夏梢、秋梢。同时，还可在各次梢中期施1次氮肥，或结合病虫害防治叶面喷施0.2%～0.3%尿素和磷酸二氢钾溶液，促梢健壮。8月中下旬后停止施氮，以防晚秋梢抽发。10月下旬结合深翻扩穴，以绿肥、厩肥和饼肥作基肥，挖环状沟深施。

(2)成年结果树　施发芽肥、稳果肥、壮果肥。发芽肥叶色浓绿的植株不施氮肥，仅就冬旱灌水；对生长势差，叶色淡绿的株施尿素0.3～0.5千克，灌水。稳果肥在现蕾至开花期开环状沟施入。通常株产50千克的株施尿素0.5～0.8千克，复合肥(氮、磷、钾总含量为45%)1.5～2千克，人、畜粪尿100千克。壮果肥6月下旬至7月上旬果实膨大前10天左右土施，株产50千克的株施复合肥2.5～3千克，对叶色淡绿的植株加施尿素0.3～0.5千克。基肥改采后施为采前施，结合深翻扩穴改土进行，株施有机肥、畜禽栏肥30千克。除上述土壤施肥外，还可叶面喷0.3%尿素或

0.2%～0.3%磷酸二氢钾溶液4～5次。

红肉脐橙果实膨大期对水分特别敏感，注意及时灌水。

5. 整形修剪 红肉脐橙萌芽力较强，嫩枝易披垂，较易分化花芽，应注意早期采用撑、拉、绑枝等手段整形，主干高40～60厘米为宜。结果后为避免结果过多、偏小，可行疏花疏果，控夏梢、抹晚秋梢、适当促春梢和早秋梢。同时，采果后至萌芽前进行修剪疏删丛生枝，使树体通风透光。

6. 摇花保果 花期遇阴雨对红肉脐橙产量影响较大，此时注意摇树落花，既有疏花效果，又可将与幼果粘连的花瓣摇落，防止其霉烂而影响坐果或导致果实产生伤疤。

二十三、福本脐橙

20世纪80年代从日本引入我国，因其果色橙红，品质佳，各地引种种植。其无公害栽培技术要点如下。

1. 选好园地 福本脐橙宜选热量条件好，雨量相对较少，空气相对湿度较小，光照好，土壤疏松肥沃、深厚、微酸性至中性的土壤中种植。

2. 适砧壮苗 可根据种植园地的土壤条件，选择枳、红橘作砧木。种植的苗木要健壮、无病，最好是脱毒的健壮容器苗。

3. 适度密植 福本树冠相对较小，宜适当密植。枳砧株、行距为3米×4米，即每667米^{2}栽56株；卡里佐枳橙砧为3米×4.5米，即每667米^{2}栽50株。

4. 土壤改良 福本脐橙的落果、裂果在土壤改良不彻底的园内常会严重发生，应做好土壤改良。通过深翻施有机肥，使土壤的孔隙度增大，通气性、透水性增强，以利于防止裂果，维持树势，增加大果率和产量。

5. 施肥灌水 根据福本脐橙的生长特性，未结果幼树施肥要少量多次，最好1年施1次基肥，春、夏、秋梢抽生、转色各施1次肥，以氮、钾肥为主，配施磷肥。结果树要施萌芽肥、壮果促(秋)梢肥和采前肥，氮、磷、钾肥配合施用。

施肥量应根据树龄、树势而定。如重庆市三峡库区的红肉脐橙，其幼龄结果树全年施3次肥。花前催芽肥，占全年施肥量的25%；6月底至7月初的壮果促梢肥，占全年施肥量的50%；采果前的壮树肥，占全年施肥量的25%。每年每株施农家肥60～80千克，尿素0.3～0.5千克，复合肥或过磷酸钙0.5～1千克。成年结果树每年施3～4次肥，催芽肥株施猪粪水80～100千克，尿素0.5～0.75千克；保果肥，花前喷0.2%硼砂溶液，谢花3/4时用0.3%尿素+0.2%磷酸二氢钾溶液进行叶面喷施；壮果促梢肥株施畜粪尿100千克，另加2千克草木灰；壮树肥，在采果前施，株施农家肥100千克。同时，大力间种绿肥压青。

通常每667米^{2}产2000千克果实，全年施纯氮22～25千克，五氧化二磷12～14千克，氧化钾20～22千克。

福本脐橙对水分敏感，需水时要及时灌水，尤其是萌芽、果实膨大期不能出现水分亏缺。

6. 整形修剪 福本脐橙枝梢节间短，各级枝梢的分枝角度小，易形成浓密的树冠，加之叶片肥大，生长旺盛，对花芽形成不利。针对其这一特性，应注意做好幼树整形，采取撑、拉措施开展树形。甜橙为中间砧的高接换种树，生长较快，叶片浓密肥大，由于其营养生长旺，表现结果稍晚，坐果率低，生产上通过修剪、拉枝等措施，造就开心形的树形，改善树冠内部通风透光条件，促进花芽分化，以达如期结果、丰产之目的。结果后树势开张，采果后应加强修剪。

二十四、奉节脐橙

奉节脐橙原名奉园72-1脐橙，是1972年奉节县园艺场从甜橙砧华盛顿脐橙中选出的优良品种，因优质丰产，得到了较快的发展，其无公害栽培技术要点如下。

1. 选好园地　选有水源，土壤疏松肥沃、深厚、微酸性，光照、热量条件好的缓坡山地或地下水位高、易排水的平地(水田)种植。

2. 改土建园　对达不到该品种生长发育要求的土壤，要进行改土培肥。首先种植前要开挖深1米、宽1～1.2米的定植穴，选用绿肥、堆杂肥、畜栏肥、过磷酸钙等分层与土混合施下，腐熟后再行定植。种后随植株长大，继续扩穴改土，在3年内完成。通常在树冠滴水线向外扩穴，穴深50厘米左右，与施肥结合进行。

3. 施肥灌水　奉节脐橙需肥水量大，强调早施、施足。

(1)1～3年生未结果幼树　勤施薄施，每次梢萌动前株施尿素0.1～0.2千克或人、畜粪尿2～6千克，促发春、夏、秋梢，有条件的还可在各次梢中期增施1次氮肥或叶面喷施0.2%～0.3%尿素和磷酸二氢钾溶液，促枝梢充实、健壮。10月下旬结合深翻扩穴，以绿肥、厩肥和饼肥作基肥。

(2)成年结果树　氮、磷、钾肥配合，施肥量为每100千克需纯氮1.1～1.2千克、纯磷0.4～0.5千克、纯钾0.8～0.9千克。7月下旬前重施壮果促梢(秋梢)肥，施肥量占全年肥量的50%以上。株施尿素0.75千克、过磷酸钙4千克、复合肥1千克、腐熟桐饼5千克和堆肥100千克。采果后施复壮肥，占全年施肥量的30%以上，9月底至10月上旬施下，株施尿素0.25千克、过磷酸钙2千克和复合肥0.5千克。

奉节脐橙春季萌芽前、果实膨大期、秋梢抽发前对水分敏感，遇旱要及时灌水。

二十五、强德勒红心柚

从美国引入，种植后表现早结果，丰产。其无公害栽培技术要点如下。

1. 砧穗组合　用酸柚作砧木亲和性好，丰产稳产。也可用枳作砧木，结果早，树冠较酸柚砧矮化。

2. 园地选择　强德力红心柚较甜橙耐寒，可在中、南亚热带气候区，选有水源，土壤层深厚、疏松肥沃、微酸性至中性的园地种植。

3. 种植密度　植株树体较大，种植密度，以株、行距为 3 米×5 米，4 米×5 米、即每 667 米^2 栽 45 株、38 株为宜。为提高坐果率，配置种植 10％的酸柚授粉树。

4. 肥水管理

(1)幼树　1 梢 2 肥，促进植株快长、成冠，10 月份施基肥越冬。

(2)结果树　早施发芽肥、巧施稳果肥、增施壮果肥、重施采果肥、适施叶面肥。发芽肥在 2 月下旬至 3 月上旬施，以速效氮肥为主，最好配合有机肥使用，促梢壮梢，提高花质，为丰产打下基础。稳果肥在第二次生理落果期，一般 5 月中下旬施入，迟效性肥料加入适量速效性氮肥。壮果肥在 8 月上旬果实膨大和秋梢抽发期施入，需肥量大，有机肥和无机肥配合使用。叶面肥谢花后用 0.5％尿素溶液叶面喷施。

通常每 667 米^2 产 2000 千克果实，全年施纯氮 20 千克、纯磷 12～14 千克、纯钾 16～18 千克。

5. 整形修剪　幼树以春梢为主要结果母枝，为促早结果，秋季可用拉、吊整形，培养树冠。结果树修剪，除剪去枯枝、病虫枝、果把等一般修剪外，留内膛较弱的无叶、少叶枝，使其结果，注意保留树冠内部、中部3～4年生侧枝上抽发的纤细、深绿的无叶枝，促其结果。

6. 病虫害防治　柚类叶片大，常有褶皱，早春气温回升快的年份，特别要重视黄蜘蛛的防治，尤其是叶背的喷药要周到。其余病虫防治同其他类柑橘，此略。

二十六、红肉蜜柚

红肉蜜柚是福建省农业科学院果树研究所最近从琯溪蜜柚中选出的优新品种，外观美，肉质优，市场俏销。其无公害栽培技术要点如下。

1. 砧木和栽植密度　以土柚作砧木亲和性和早结性状表现最好。栽植密度山地株、行距为3米×3.5米，即每667米^{2}栽64株；平地株、行距为3.5米×4米，即每667米^{2}栽48株。

2. 肥料和水分管理

(1)幼树　肥料坚持勤施、薄施，每次梢前施促梢肥，抽梢后叶色转绿期施壮梢肥，或从定植(春植)起至10月中旬，每月施稀薄人、畜粪水1次，11月份施1次有机肥越冬。肥料以氮肥为主，1～3年生树株施100～400克，氮∶五氧化二磷∶氧化钾比为1∶0.3∶0.5。

(2)结果树　1年施肥3～4次，株产50千克株施纯氮0.9千克，平衡施肥比例，即氮、磷、钾比为1∶0.5∶1，分发芽肥、壮果肥和采果肥。发芽肥1月底前后施入；壮果肥在生理落果停止，秋梢抽发前10～15天施；采果肥在采果前后7～10天内施毕。发芽肥、壮果肥、采果肥分别占全年施肥量的15%～25%、20%～40%和40%～60%。

红肉蜜柚对水分敏感，枝梢生长期、花芽分化期(10月份至翌年2月份)、果实生长期(7～10月份)应适时灌水，保持土壤湿润。

地势低畦和地下水位高的园地应及时排水。

3. 枝叶和花果管理

(1)枝叶管理

①幼树：修剪强调抹芽放梢，并掌握“去早留齐，去少留多”的原则，待全株大部分末级梢都有3～4条新梢萌发时，即停止抹梢。适当疏除过密枝，剪除全部冬梢。

树形以自然开心形为主，干高30～40厘米，主枝3～4个，各主枝上配副主枝2～3个，主枝和副主枝上配置若干侧枝。

②初结果树：注意培养短壮春梢与秋梢，抹除夏梢与冬梢，疏删直立枝，留斜生枝或进行拉枝。

③盛果期树：及时回缩结果枝组、落花落果枝组和衰退枝组，剪除枯枝、病虫枝。对骨干枝过多和树冠郁闭的树开出“天窗”(锯大枝宜在春季)引光线入内膛。对当年抽生的夏秋梢营养枝，用短截或疏删调节翌年产量，在对无叶枝组重疏删的基础上对大部分枝梢或全部做短截处理。树高控制在3米以下。

(2)花果管理　根据树势，9～11月份适当控水、拉枝，也可断根或在9月份至10月上旬环割宽0.1～0.2厘米，深达木质部为宜。对结果母枝，在花蕾期先疏花序后疏蕾，“去头掐尾留中间”，疏弱留壮花2～3朵。摘除早夏梢。5月上旬生理落果后，依树势分2～3次调整结果量，留果均匀分布，去除病虫果、畸形果。

4. 防止汁胞粒化　为防止果实汁胞粒化，结果树施肥以有机肥为主，增施钾肥，切不可在花期喷保果剂；树盘盖草，冬季改土，提高土壤有机质含量与肥力；对生长势旺的树采取环割调控生长势；适时采收。

5. 做好冬季防冻　改变果园生态环境，营造防风林，低温来临前灌水、果园(或树盘)覆盖、树干刷白等有助防止和减轻冻害。

二十七、矮晚柚

系四川省遂宁市名优果树研究所从晚白柚中选出的优良品种。因其具矮化适宜密植，结果早，丰产稳产，品质优，晚熟的优势，各地有引种种植、发展。其无公害栽培技术要点如下。

1. 选好园地 矮晚柚适宜在年平均气温17℃～20℃，极端低温在－3℃以上，≥10℃的年活动积温在5200℃以上，光照充足，雨量充沛（或有水源），土壤疏松肥沃、较深、微酸性至中性的山地、坡地和平地种植。水田地种植要选地下水位低，排水良好的地块。

2. 配好砧木 以枳、酸柚作砧木，嫁接亲和性好，枳砧早结果，丰产稳产；酸柚砧表现较矮化，结果早。

3. 改土建园 园地土壤达不到矮晚柚生长结果要求的要在种前或种后改土培肥。种植前挖穴（沟）施足基肥，穴深0.8米、宽0.8～1米，施入绿肥、秸秆、厩肥等作基肥，每穴30～50千克，施过磷酸钙2千克或钙镁肥2千克（酸性土）与土分层混合施下，起墩（高0.2～0.3米，直径约0.8米）待基肥腐熟后种植。种植后，随树长大逐年扩穴改土，在1～2年内完成，为植株高产稳产打下良好基础。

4. 适度密植 矮晚柚树体矮小，适宜密植，通常计划密植的株、行距为2米×3米，即每667米^{2}栽112株，用修剪控冠，以果压梢可持续丰产6～8年以后株间挖去1株，变株、行距为3米×4米，即每667米^{2}栽56株，矮晚柚栽后第三年，甚至第二年即能挂果。

5. 肥水管理 矮晚柚结果早、丰产，必须加强肥水管理。

（1）幼树 施好春、秋梢的芽前肥，为促壮枝梢，1年喷2～3次0.2%～0.3%尿素或磷酸二氢钾溶液，微肥因树制宜，缺什么补喷什么，越冬施好基肥。

(2)结果树　1年施春芽肥、稳果肥、壮果促梢肥和越冬肥，株产100千克施纯氮0.8～1.0千克、纯磷0.4～0.6千克、纯钾0.6～0.8千克。春芽肥、稳果肥、壮果促梢肥和越冬肥分别占全年施肥量的10%、20%、30%和40%。各次梢自剪至转绿喷施0.2%～0.3%尿素或磷酸二氢钾溶液。

根据气候和植株生长期需水要求及时灌水。

6. 整形修剪　幼树整形采取低干、矮冠、主枝少(3个)、枝序(组)多、修剪宜轻。

7. 保果疏果　先保果，稳果后疏果。此外，果实越冬注意防低温防落果。

二十八、马叙葡萄柚

因热量条件等原因，我国对马叙葡萄柚有引种，但栽培不多，随着柑橘产业的发展，除台湾已在生产葡萄柚外，我国的两广、福建、云南等热量条件丰富之地会有一定的种植。现结合国内外生产，其无公害栽培技术要点介绍如下。

1. 选好砧木和园地　国外多选酸橙和粗柠檬作砧木。我国除选用酸橙作砧木外，还可选酸柚、本地早和枳作砧木。

马叙葡萄柚树体高大，宜选土层深厚、肥沃之地种植。种植密度为3米×5米或3.5米×5米，即每667米^{2}栽45株或38株。

2. 做好整形修剪　马叙葡萄柚树势强健，根据其生物学特性，从苗期开始培养丰产树形。因树体高大，干高50～60厘米，主枝3～4个，每主枝均交错配置2～3个副主枝。结果前和初结果的树生长势旺，枝条直立性较强，应以果压冠，使其尽早进入盛果期。进入盛果期后的树体，因结果常使枝条下垂，有的生长势变弱而不再结果，此类枝应与病虫枝、枯枝一起剪除。马叙葡萄柚修剪应掌握“上重、四方轻，外围重、内部轻”的原则，使树冠内部光照好，形成立体结果。

3. 施好肥料和水分 马叙葡萄柚易丰产，通常成年树可株产100千克，高的株产可达200～300千克，故需较多的肥水。土壤未完全熟化的，应种后1～3年内扩穴结合压埋绿肥、厩肥、堆肥等改良土壤，使植株根系营养面积不断扩大。

（1）未结果幼树 施萌芽肥、夏梢肥、秋梢肥（7～9月份）和冬肥4次，肥料可用厩肥、人粪肥、绿肥作基肥，尿素作追肥。2～3年生树，株施萌芽肥基肥60～100千克，尿素0.4～0.5千克；夏梢肥施基肥40～50千克，尿素0.4～0.5千克；秋肥施基肥40～50千克，尿素0.6～0.8千克；冬肥施基肥60～100千克，尿素0.6～1千克。

（2）结果树 施萌芽肥、稳果肥、壮果肥和采后肥，6～7年生树，株施萌芽肥基肥30～50千克，尿素0.5～1千克；稳果肥施基肥30～50千克，尿素0.3～0.5千克，过磷酸钙1～1.5千克；壮果肥施基肥60～80千克，尿素0.5～1千克，饼肥1～2千克；采后肥施基肥100～120千克，尿素0.5～1千克，过磷酸钙3～5千克，饼肥2～3千克。

幼树结合多次抽梢增加施肥次数可促其多抽梢，尽快成冠结果。对翌年要投产的幼树应增加梢前氮肥用量，秋梢充实期适量增加磷、钾肥，减少氮肥，并可在花芽分化期内喷施0.3%～0.5%磷酸二氢钾溶液，弱树喷0.3%磷酸二氢钾+0.3%尿素溶液2～3次。

葡萄柚叶片大，对水分要求高。各梢生长期、果实膨大期注意灌水，尤其春旱、夏秋干旱要注意灌水，灌水后及时盖穴，中耕松土。雨季注意排水。

4. 防治病虫害 主要虫害有红黄蜘蛛、锈壁虱、花蕾蛆、蚧类、天牛、粉虱、潜叶蛾等，主要病害有溃疡病（病区）、脚腐病等，重点防治红、黄蜘蛛，方法与其他柑橘同。

二十九、尤力克柠檬

尤力克柠檬原产于美国，引入我国栽培后表现优质丰产，是国外和我国种植最多的柠檬品种。其无公害栽培技术要点如下。

1. 选好园地和砧木　土壤层深厚、肥沃，是柠檬丰产稳产的基础。应以微酸性至中性、土层深厚、土质疏松肥沃、排水良好的土壤为园地。土层浅、肥力低的柠檬园要进行土壤改良，使土壤熟化。通常开挖深、宽各1米的定植穴，最好挖深、宽各1米的沟，先种绿肥，改良熟化土层后再种植柠檬。

柠檬的砧木，国外常用酸橙、粗柠檬和枳橙。最近证明，用枳柚表现也好。国内多用红橘和枳作柠檬的砧木。又据四川省农业科学院果树研究所(现重庆市农业科学院果树研究所)试验，认为香橙、香柑、红橘、土柑和建柑为四川、重庆丘陵山区柠檬的优良砧木，其优点是嫁接亲和力强，成活后树势旺，产量高，果实品质好，酸含量高，香气浓，对流胶病有较强的抗性。以枳作砧木，虽抗流胶病，但亲和力差，生长衰弱。红檬檬作砧木，虽早期丰产，但流胶病严重。甜橙砧尤力克柠檬，早期树势旺，但进入结果期后流胶病严重，不宜采用。

2. 管好土壤和肥水　土肥水管理得当，能使柠檬丰产。由于柠檬1年中多次开花结果，所抽发的春、夏梢营养条件好，当年即可开花结果。因此，施肥量和施肥次数应比甜橙多。一般在抽梢前、开花后和果实发育期共施4～5次肥，肥料选用有机肥、绿肥、饼肥和尿素和磷肥、钾肥等化肥。

万州尤力克柠檬结果树年施萌芽肥、稳果肥、壮果促梢肥和采后肥4次。

(1)萌芽肥　2月下旬至3月中下旬施，土壤施肥和叶面喷施相结合。2月下旬株施腐熟的人、畜粪水50千克左右，硫酸钾复合肥(氮:五氧化二磷:氧化钾=15:15:15)0.3千克,尿素0.3千克。初结果树施肥量酌情减少,株施腐熟的人、畜粪水25千克加尿素0.2千克。未结果幼树株施腐熟人、畜粪水2～4千克加尿素0.1千克。3月中下旬结合病虫害防治用0.3%尿素加0.2%～0.3%磷酸二氢钾溶液,还可视需要加硼、锰、锌、铁等微肥混合喷施叶面。

(2)稳果肥　成年结果树株施腐熟的人、畜粪水20～25千克,尿素0.2千克,硫酸钾0.2千克(或加0.5～0.7千克草木灰)。初结果树施腐熟的人、畜粪水15～20千克,尿素0.1千克,过磷酸钙0.3千克。对旺树可酌情减少或不施。谢花后1周左右喷施2～3次0.3%尿素加0.2%磷酸二氢钾溶液。

(3)壮果促梢肥　成年结果树施腐熟的人、畜粪水30～40千克,硫酸钾复合肥0.25千克,尿素0.25千克,硫酸钾0.1千克,饼肥1～2千克。初结果树株施腐熟的人、畜粪水10～20千克,尿素0.2千克、硫酸钾0.1千克,饼肥1千克。未结果幼树株施腐熟的人、畜粪水5～10千克或尿素0.2～0.4千克。

(4)采后肥　9月上中旬至10月上中旬施采后肥。结果树株施腐熟的人、畜粪水50～60千克,厩肥50千克,饼肥3～4千克,草木灰2千克,过磷酸钙0.2千克,尿素0.15千克,硫酸钾0.1千克。初结果树株施腐熟的人、畜粪水25～30千克,尿素0.2千克,饼肥1千克,复合肥0.2～0.5千克。

翌年投产的幼树9月份起控制氮肥,增施磷、钾肥,叶面喷施硼、钼,以促花芽分化,翌年能结果。

柠檬既不耐旱,又不耐湿。旱季要及时灌溉,尤其是夏干伏旱要及时灌水。也可进行树盘覆盖,保持土壤湿润。雨季要及时排水防涝。

3. 因树制宜做修剪　柠檬生长势强,修剪宜轻。要尽可能多留枝、叶,促其早日投产。开始结果幼树的修剪以促进营养生长,培养骨干枝，迅速扩大树冠为主，采取撑、拉、吊、扭(梢)措施，抑制旺枝生长。进入结果的成年树多在树冠内部和下部结果，应尽量保留树冠内部和下部枝条，疏去过密的外围枝和顶部直立枝；疏除密弱枝、重叠枝、交叉枝、病虫枝和枯枝。进入盛果期的成年树，尤其已经郁闭的柠檬园内的成年树，应疏剪无用枝梢，以改变光照条件，让小枝生长、结果。树势衰弱的成年树，可压缩剪去多年生枝，以促发新枝，恢复树势。

4. 防治病虫害　流胶病是柠檬的主要病害，凡造成树皮伤口的一切生物因素和非生物因素，以及不适宜的温度、湿度、日照等因素，均可引起柠檬流胶病。其防治措施：一是选用抗病砧木，并适当提高嫁接苗的嫁接部位。二是在地面开沟修渠，及时排除积水，改善柠檬园的通风透光性，避免阴湿的不良环境。三是对天牛、吉丁虫等树干害虫，要及时消灭；农耕时尽量避免损伤树皮；在春季和夏季，少施氮肥，多施磷、钾肥，如饼肥和草木灰等，以增强树势，减少发病率。四是对病树及时进行治疗，彻底刮除病部，纵切树皮，形成数条深达木质部的切口后，再用50%多菌灵可湿性粉剂或70%甲基硫菌灵可湿性粉剂100～200倍液，或25%甲霜灵可湿性粉剂400倍液，涂抹病部。

红蜘蛛和黄蜘蛛也严重为害柠檬，在4～5月份或8～9月份为害严重时，可使柠檬整株落叶，故应注意及时加以防治。

三十、脆皮金柑

脆皮金柑是从普通金柑中选出的优良新品种，因其抗逆性强、丰产、品质极佳，全果皮肉均可食，市场俏销价好而发展加快。其无公害栽培技术要点如下。

1. 加强管理促幼树早产　种植第一年以追施水肥为主，在每次梢萌芽前7～10天、枝梢生长期、枝梢自剪老熟后各追肥1次。

肥料用腐熟的粪水、饼肥水、沼液肥水+0.5%～1.0%尿素溶液或0.5%～0.8%尿素+0.5%～1%硫酸钾溶液混合肥淋施。2年生树可干施追肥，在每次梢萌芽前10～15天，株施尿素50～100克+硫酸钾50～100克。

每年冬季施基肥，旱地扩穴深施，水田挖沟深施。用量为株施腐熟粪肥10～20千克+有机活性肥0.5千克。3年生树即可结果。

2. 梢果管理保丰产稳产

(1)幼树整形　留干高40厘米，2～3个健壮分枝短截作主枝，每1主枝上选留2～3分枝作副主枝，全树留6～8个主枝、副主枝，培养自然半圆头形树冠。幼树修剪主要采取抹芽、疏梢和摘心。

(2)结果成年树　加强梢果管理：一是重施基肥，以腐熟的有机肥为主，株施畜栏肥15～25千克、饼肥1～1.5千克、磷肥0.5～1千克、硫酸钾0.5千克。在采果后至春节前施。二是促发培养健壮春梢。及时施萌芽肥，在萌芽前10～15天(3月上中旬)，株施腐熟粪水或饼肥水10～20千克、尿素0.2～0.5千克，或硫酸钾复合肥0.3～0.5千克。新梢生长期喷施2～3次以磷酸二氢钾溶液为主的叶面肥，促春梢老熟。用修剪促梢，在春梢萌芽前冬剪，剪除病虫枝、枯枝、密生枝和病虫枝，疏除部分生长衰弱的结果枝，回缩树冠外的长枝，留3～5个健壮芽使剪口附近抽生健壮量多的春梢。选留春梢以“五去二，三去一”的原则，留8～12片叶的健壮春梢。留的春梢不摘心、短截。

重点保第一批花果，提高坐果率和大果比例。6月上旬现蕾时喷0.3%磷酸二氢钾+0.2%硼酸混合液1～2次，谢花2/3时喷浓度为30～50毫升/升赤霉素溶液或芸薹素内酯等1～2次保果。及时抹夏梢。施壮果肥在7月中旬株施腐熟粪水10～15千克，或硫酸钾复合肥0.3～0.5千克，并喷施0.3%磷酸二氢钾+

0.2%硼酸混合液1～2次，促稳果壮果。7～10月份遇干旱灌水并覆盖树盘。

3. 认真做好病虫害防治　主要病害有炭疽病、树脂病；主要虫害有螨类、蚜虫、潜叶蛾等。要认真做好防治。

附　录

一、中华人民共和国农业行业标准(NY/T 5014—2001)无公害食品　柑橘

1. 范围

本标准规定了无公害食品 柑橘的定义、要求、试验方法、检验规则、标志、包装、运输及贮存。

本标准适用于无公害食品 柑橘鲜果的生产和流通。本标准所指的柑橘包括甜橙类、宽皮柑橘类和柚类。

2. 规范性引用文件(略)

3. 术语和定义

下列术语和定义适用于本标准。

3.1 腐烂果

遭受病原菌的侵染、细胞的中胶层被病原菌分泌的酶所分解,导致细胞分离、组织崩溃,部分或全部丧失食用价值的果实。

3.2 缺陷果

存在影响感官质量或内在品质缺陷的果实。

3.3 一般缺陷果

存在果形不正、着色不佳、果面轻度擦伤或果面有较明显斑痕的果实。

3.4 严重缺陷果

存在干疤、水肿、冻伤、枯水及粒化缺陷的果实。

3.5 缺陷果容许度

同一检验批次的柑橘果实中,缺陷果允许存在的最大限度,用缺陷果实个数占果实总个数的百分比表示。

4. 要求

4.1 感官要求

4.1.1 果形

具该品种特征，果形整齐，果蒂完整平齐，果实无萎蔫现象。

4.1.2 色泽

果色自然着色，色泽均匀，具该品种成熟果实特征色泽；提早上市者单果自然着色面积应大于全果的三分之一。

4.1.3 果面

果面新鲜光洁，无日灼、刺伤、虫伤、擦伤、碰压伤、裂口、病斑及腐烂现象。

4.1.4 果肉

具该品种果肉质地和色泽特性，无枯水、粒化现象。

4.1.5 风味

具该品种特色风味香气，无异味。

4.1.6 缺陷果容许度

同批次产品中腐烂果不超过1%，严重缺陷果不超过2%，一般缺陷果不超过5%。

4.2 理化要求

理化要求应符合表1规定。

表1 理化要求

项 目		指 标							
		甜橙类			宽皮柑橘类			柚 类	
		脐 橙	低酸甜橙	其 他	温州蜜柑	椪 柑	其 他	沙田柚	其 他
可溶性固形物(%)		≥9.0	≥9.0	≥9.0	≥8.0	≥9.0	≥9.0	≥9.5	≥9.0
固酸比		≥9.0	≥14.0	≥8.0	≥8.0	≥13.0	≥9.0	≥20.0	≥8.0
可食率(%)		≥70	≥70	≥70	≥75	≥65	≥65	≥40	≥45
果实横径(毫米)	大果型品种	≥70				≥60			≥150
	中果型品种			≥55	≥55		≥50	≥130	≥130
	小果型品种		≥50	≥50			≥50		
	微果型品种						≥50		

注：1. 低酸甜橙，指新会橙、柳橙、冰糖橙等品种

2. 其他甜橙，指除低酸甜橙和脐橙之外的甜橙品种，包括锦橙、夏橙、血橙、雪柑、化州橙、地方甜橙等

3. 橘橙、橘柚等杂交种，则以其主要性状与表中所列最近的类判定

4. 大、中、小、微果型的划分见附录 A(略)

4.3 安全卫生指标

安全卫生指标应符合表 2 规定。

表 2　安全卫生指标　(单位:毫克/千克)

通用名	指　标
砷(以 As 计)	≤0.5%
铅(以 Pb 计)	≤0.2%
汞(以 Hg 计)	≤0.01%
甲基硫菌灵(thiophanatemethyl)	≤10.0%
毒死蜱(chlorpyifos)	≤1.0%
杀扑磷(methidathion)	≤2.0%
氯氟氰菊酯(cyhalothrin)	≤0.2%
氯氰菊酯(cypermethrin)	≤2.0%
溴氰菊酯(deltamerthrin)	≤0.1%
氰戊菊酯(fenvalerate)	≤2.0%
敌敌畏(dichlorvos)	≤0.2%
乐果(dimethoate)	≤2.0%
喹硫磷(quinalphos)	≤0.5%
除虫脲(diflubenzuron)	≤1.0%
辛硫磷(phoxim)	≤0.05%
抗蚜威(pirimicarb)	≤0.5%

注:禁止使用农药在柑橘果实中不得检出

5. 试验方法

5.1 感官检验

将样品置于自然光照度下，进行感官检验，对不符合基本要求的样品做各项记录。如果一个样品同时出现多种缺陷，选择一种主要的缺陷，按一个

缺陷计。不合格品的百分率按式(1)计算，结果保留一位小数。

$$X(\%)=m_1/m_2\times100 \quad (1)$$

式中：X—单项不合格百分率，单位为百分率(%)；

m_1—单项不合格品的质量，单位为千克(千克)；

m_2—检验样本的质量，单位千克(千克)。

各单项不合格品百分率之和即为总不合格百分率。

5.2 可溶性固形物的检验

按 GB/T 8201 规定执行。

5.3 可滴定酸含量的检验

按 GB/T 8201 规定执行。

5.4 固酸比计算

固酸比按式(2)计算：

$$X=S/A \quad (2)$$

式中：X—固酸比(计算结果值保留小数点后一位)；

S—可溶性固形物含量，单位为百分率(%)；

A—可滴定酸含量，单位为百分率(%)。

5.5 可食率检验

按 GB/T 8210 规定执行，其中柚类检验时，囊衣计入果皮中，不作为可食部分。

5.6 果实横径测量

按 GB/T 8210 规定执行。

5.7 砷的测定

按 GB/T 5009.11 规定执行。

5.8 铅的测定

按 GB/T 5009.12 规定执行。

5.9 汞的测定

按 GB/T 5009.17 规定执行。

5.10 甲基硫菌灵的测定

按 GB/T 5009.38 规定执行。

5.11 毒死蜱、杀扑磷的测定

按 GB/T 17331 规定执行。

5.12 氯氟氰菊酯、氯氰菊酯、溴氰菊酯、氰戊菊酯的测定

按 GB/T 17332 规定执行。

5.13 敌敌畏、乐果、喹硫磷的测定

按 GB/T 5009.20 规定执行。

5.14 除虫脲的测定

按 GB/T 17333 规定执行。

5.15 辛硫磷的测定

按 GB 14875 规定执行。

5.16 抗蚜威的测定

按 GB 14877 规定执行。

6. 检验规则

6.1 组批规则

同一生产单位、同品种、同等级、同一包装日期的柑橘作为一个检验批次。

6.2 抽样方法

按 GB/T 8855 规定执行。

6.3 型式检验

型式检验是对产品进行全面考核，即对本标准规定的全部要求(指标)进行检验。有下列情况之一者应进行型式检验：

a)申请无公害食品标志或无公害食品年度抽查检验；

b)前后两次抽样检验结果差异较大；

c)因人为或自然因素使生产环境发生较大变化；

d)国家质量监督机构或主管部门提出型式检验要求。

6.4 交收检验

每批产品交收前，生产单位都应进行交收检验，其内容包括感官、净含量、包装、标志的检验。检验合格并附合格证的产品方可交收。

6.5 判定规则

6.5.1 感官要求的总不合格品百分率不超过 7%，理化指标不合格项不超过二项，且安全卫生指标均为合格，则该批产品判为合格。

6.5.2 感官要求的总不合格品的百分率超过 7%，或理化指标不合格项超过二项，或安全卫生指标有一项不合格，或标志不合格，则该批产品判为不

合格。

6.5.3 卫生安全指标出现不合格时允许另取一份样品复检，若仍不合格，则判该项指标不合格；若复检合格，则需再取一份样品做第二次复检，以第二次复检结果为准。

6.5.4 对包装、缺陷果容许度检验不合格者，允许生产单位进行整改后申请复检。

7. 标志

7.1 无公害食品 柑橘的销售和运输包装均应标注无公害食品标志。

7.2 无公害食品 柑橘的包装上应标注无公害食品的产品名称、净含量、规格、产地、采收日期、包装日期、生产单位、执行标准代号及产品商标内容。

8. 包装、运输和贮存

8.1 包装

8.1.1 柑橘包装厂或包装场地应通风、防潮、防晒、防雨，温度 3℃～25℃，空气相对湿度 60%～90%，干净整洁，无污染物，不能存放有毒、有异味物品。

8.1.2 可采用单果包装，但包果材料应清洁，质地细致柔软，无污染。

8.1.3 果品装箱应排列整齐，内可用清洁、无毒的柔韧物衬垫。果箱用瓦楞纸箱，结构应牢固适用，且干燥，无霉变、虫蛀、污染。

8.1.4 每批次包装箱规格应做到一致，其规格可按照 GB/T 13607 规定执行，且每箱净重不超过 20 千克，或应客户要求包装。

8.2 运输

8.2.1 运输应做到快装、快运、快卸。严禁日晒雨淋，装卸、搬运时要轻拿轻放，严禁乱丢乱掷。

8.2.2 运输工具的装运舱应清洁、干燥、无异味。长途运输宜采用冷藏运输工具，最适温度甜橙类 3℃～5℃、宽皮柑橘类 5℃～8℃、柚类 8℃～10℃。

8.3 贮存

8.3.1 常温贮存按 GB/T 10547 规定执行。

8.3.2 冷库贮存应经 2～3 天预冷，达到最终温度甜橙类 3℃～5℃、宽皮柑橘类 5℃～8℃、柚类 8℃～10℃，保持库内空气相对湿度甜橙类 90%～95%、宽皮柑橘类 85%～90%。

二、中华人民共和国农业行业标准(NY/T 5015—2002)无公害食品 柑橘生产技术规程

1. 范围

本标准规定了生产无公害柑橘园地选择与规划、栽植、土肥水管理、整形修剪、花果管理、植物生长调节剂应用、病虫害防治及果实采收等技术。

本标准适用于无公害柑橘的生产。

2. 规范性引用文件(略)

3. 要求

3.1 园地选择与规划

3.1.1 园地选择

3.1.1.1 气候条件(略)

3.1.1.2 土壤条件(略)

3.1.1.3 水质

按 NY 5016 规定执行。

3.1.1.4 大气质量

按 NY 5016 规定执行。

3.1.1.5 地形地势(略)

3.1.1.6 其他

按 NY 5016 规定执行。

3.1.2 园地规划(略)

3.1.3 品种和砧木选择

3.1.3.1 品种选择的依据

根据柑橘生态区划指标,在最适宜区和适宜区选择优良品种发展无公害柑橘生产。特别注意选择抗病性、抗逆性较强的品种。

3.1.3.2 常用砧木

适宜于柑橘的砧木有:枳、红橘、枳橙、枳柚、香橙、枸头橙、朱橘、酸柚、酸橘等。盐碱土和石灰性紫色土宜选用香橙、枸头橙等,已感染裂皮病和碎叶

病的品种(系)不能用枳和枳橙作砧木。

3.2 栽植

3.2.1 苗木质量

应符合 GB/T 9689 的有关规定。提倡栽植脱毒容器苗、大苗壮苗。

3.2.2 栽植时间

一般在 9～10 月份秋梢老熟后或 2～3 月份春梢萌芽前栽植。冬季有冻害的地方宜在春季栽植，干热河谷区宜在 5～6 月份雨季栽植。容器苗或带土移栽不受季节限制。

3.2.3 栽植密度(略)

3.3 土肥水管理

3.3.1 土壤管理(略)

3.3.2 施肥

3.3.2.1 施肥原则

按照 NY/T496—2002 规定执行。应充分满足柑橘对各种营养元素的需求，推荐多施有机肥，合理施用无机肥，提倡叶片营养诊断配方施肥。所施用的肥料应为农业行政主管部门登记或免于登记的肥料。限制使用含氯化肥。

3.3.2.2 肥料种类

包括有机肥料、微生物肥料、化肥和叶面肥料。

3.3.2.3 施肥方法(略)

3.3.2.4 幼树施肥(略)

3.3.2.5 结果树施肥(略)

3.3.3 水分管理

3.3.3.1 灌溉

要求灌溉水无污染水质应符合 NY 5016。

3.3.3.2 排水(略)

3.4 整形修剪(略)

3.5 花果管理

3.5.1 控花疏果(略)

3.5.2 果实套袋

提倡果实套袋。套袋适期为 6 月下旬至 7 月中旬(生理落果结束后)。套袋前应根据当地病虫害发生情况对柑橘园全面喷药 1～2 次。喷药后及时选择生长正常、健壮的果实进行套袋。纸袋应选用抗风吹雨淋、透气性好的柑橘专用纸袋，以单层袋为宜。果实采收前15天左右摘袋。

3.6 植物生长调节剂应用

3.6.1 使用原则

允许有限度使用能改善树体生长状况、提高果实产量、改善品质，并对环境和人体健康无害的植物生长调节剂。

3.6.2 允许使用的植物生长调节剂及技术要求

3.6.2.1 主要种类有苄基腺嘌呤、6-苄基腺嘌呤、赤霉素类、乙烯利、矮壮素等。

3.6.2.2 技术要求

严格按照规定的浓度、时期使用，每年可使用一次，安全间隔期在20天以上。

3.6.3 禁止使用的植物生长调节剂

比久、萘乙酸、2,4-二氯苯氧乙酸(2,4-D)等。

3.7 病虫害防治

3.7.1 防治原则

积极贯彻"预防为主，综合防治"的植保方针。以农业和物理防治为基础，生物防治为核心，按照病虫害的发生规律和经济阈值，科学使用化学防治技术，有效控制病虫危害。

3.7.2 植物检疫

禁止检疫性病虫害从疫区传入保护区，保护区不得从疫区调运苗木、接穗、果实和种子，一经发现立即销毁。

3.7.3 农业防治

3.7.3.1 种植防护林：按3.1.2规定执行。

3.7.3.2 选用抗病品种、砧木：按3.1.3规定执行。

3.7.3.3 园内间作和生草栽培：按3.3.1.2规定执行

3.7.3.4 实施翻土、修剪、清洁果园、排水、控梢等农业措施，减少病虫源，加强栽培管理，增强树势，提高树体自身抗病虫能力。提高采果质量，减少果实伤口，降低果实腐烂率。

3.7.4 物理机械防治

3.7.4.1 应用灯光防治害虫

可用黑光灯引诱或驱避吸果夜蛾、金龟子、卷叶蛾等。

3.7.4.2 应用趋化性防治害虫

大实蝇、拟小黄卷叶蛾等害虫对糖、酒、醋液有趋性，可利用其特性，在糖、酒、醋液中加入农药诱杀。

3.7.4.3 应用色彩防治害虫

可用黄板诱集蚜虫。

3.7.4.4 人工捕捉害虫、集中种植害虫中间寄主诱杀害虫。

人工捕捉天牛、蚱蝉、金龟子等害虫；在吸果夜蛾发生严重的地区人工种植中间寄主，引诱成虫产卵，在用药剂杀灭幼虫。

3.7.5 生物防治

3.7.5.1 人工引移、繁殖释放天敌

建议用尼氏钝绥螨防治螨类；用日本方头甲和湖北红点唇瓢虫等来防治矢尖蚧；用松毛虫赤眼蜂防治卷叶蛾等。

3.7.5.2 应用生物源农药和矿物源农药

提倡使用苏云金杆菌、苦·烟水剂等生物农药和王铜、氢氧化铜、矿物油乳剂等矿物质源农药。

3.7.5.3 利用性诱剂

在田间放置性引诱剂和少量农药，诱杀柑橘小实蝇雄虫，减少与雌虫的交尾机会。

3.7.6 生态控制

按 3.1.2、3.3.2.1 规定执行。

3.7.7 化学防治

3.7.7.1 农药种类选择

3.7.7.1.1 不得使用的高毒、高残毒农药，见附录 A。

3.7.7.1.2 使用药剂防治应符合 GB 4285、GB/T 8321(所有部分)的要求，常用药剂种类见附录 B(略)，该表将随新农药品种的等级而修订。

3.7.7.2 农药使用

对主要虫害防治，建议在适宜时期施药。病害防治在发病初期进行，防治时期，严格控制安全间隔期，施药量和施药次数，注意不同作用机理的农药交替使用和合理混用，避免产生抗药性，见附录 C(略)。

3.8 果实采收(略)

三、中华人民共和国农业行业标准(NY/T 5016—2001)无公害食品　柑橘产地环境条件

1. 范围

本标准规定了无公害柑橘产地和环境条件下的定义、柑橘产地选择要求、环境空气质量、灌溉水质量、土壤环境质量的各项目及其浓度限值(含量)和相应的试验方法。

本标准适用于无公害柑橘鲜果产地。

2. 规范性引用文件(略)

3. 术语和定义

下列术语和定义适用于本标准。

3.1 柑橘产地

具有一定面积和生产能力的栽培柑橘的土地。

3.2 环境条件

影响柑橘生长和质量的空气、灌溉水和土壤等自然条件。

4 要求

4.1 产地选择

无公害柑橘产地,应选择生态条件良好,远离污染源,并且有可持续生产能力的农业区域。

4.2 产地环境空气质量

无公害柑橘产地环境空气质量应符合表1规定。

表1　空气中各项污染物的浓度限值

项　目			日平均浓度	1小时平均浓度
总悬浮颗粒物(TSP)(标准状态),毫克/米^3		≤	0.30	—
二氧化硫(SO_2)(标准状态),毫克/米^3		≤	0.15	0.50
二氧化氮(NO_2)(标准状态),毫克/米^3		≤	0.12	0.24
氟化物(F)	(标准状态),微克/(分米^2·天)	≤	1.8	—
	(微克/米^3)	≤	7	20

注:1. 日平均浓度指任何一日的平均浓度

2.1 小时平均浓度指任何一小时的平均浓度

3. 氟化物日平均浓度 1.8 为挂片法之值;日平均浓度 7 和 1 小时平均浓度 20 为动力法之值

4.3 产地灌溉水质量

无公害柑橘产地灌溉水质量应符合表 2 规定。

表 2　灌溉水中各项污染物的浓度限值

项　目	指　标
pH	5.5～8.5
总汞,毫克/升　≤	0.001
总镉,毫克/升　≤	0.005
总砷,毫克/升　≤	0.1
总铅,毫克/升　≤	0.1
铬(六价),毫克/升　≤	0.1
氟化物,毫克/升　≤	3.0
氰化物,毫克/升　≤	0.5
石油类,毫克/升　≤	10
氯化物,毫克/升　≤	250

4.4 产地土壤环境质量

无公害柑橘产地的土壤环境质量应符合表 3 规定。

表 3　土壤中各项污染物的含量限值

项　目	指　标	
	pH<6.5	pH 6.5～7.5
总镉,毫克/千克　≤	0.3	0.3
总汞,毫克/千克　≤	0.3	0.5
总砷,毫克/千克　≤	40	30
总铅,毫克/千克　≤	250	300
总铬,毫克/千克　≤	150	200
总铜,毫克/千克　≤	50	100

注：重金属（铬主要为三价铬）和砷均按元素量计，适用于阳离子交换量＞5 厘摩尔（＋）/千克的土壤，若≤5 厘摩尔（＋）/千克，其指标值为表内数值的半数

5 试验方法

5.1 环境空气质量各项目的试验方法见表 4。

表 4　环境空气质量各项目的试验方法

项 目	试验方法	方法来源
总悬浮颗粒物（TSP）	重量法	GB/T 15432
二氧化硫（SO_2）	甲醛吸收－副玫瑰苯胺光度法	GB/T 15262
二氧化氮（NO_2）	Saltzman 法	GB/T 15435
氟化物（F）	石灰滤纸氟离子选择电极法滤膜 氟选择电极法	GB/T 15433 GB/T 15434

5.2 灌溉水质量的试验方法

灌溉水质量各项目的试验方法见表 5。

表 5　灌溉水质量各项目的试验方法

项 目	试验方法	方法来源
pH 值	玻璃电极法	GB 6920
总汞	冷原子吸收光度法 原子荧光法	GB/T 7468 NY/T 396
总镉	原子吸收分光光度法 石墨炉原子吸收分光光度法	GB/T 7475 NY/T 396
总砷	二乙基二硫代氨甲酸银荧光光度法	GB/T 7485
总铅	原子吸收分光光度法	GB/T 7475
铬（六价）	二苯碳酰二肼分光光度法	GB/T 7467
氟化物	离子选择电极法	GB/T 7487
氰化物	异烟酸－吡啶啉酮比色法 吡啶—巴比妥酸比色法	GB/T 7586 GB/T 7487
石油类	紫外分光光度法 重量法	NY/T 396
氯化物	硝酸银容量法	GB/T 11896

注:项目中有两种以上试验方法的,都可采用,其中第一种为仲裁方法

5.3 土壤环境质量的试验方法

土壤环境质量各项目的试验方法见表 6。

表 6　土壤环境质量各项目试验方法

项　目	试验方法	方法来源
总镉	石墨炉原子吸收分光光度法	GB/T 17141
	KI-MIBK 萃取原子吸收分光光度法	GB/T 17140
总汞	冷原子吸收法	GB/T 17136
	冷原子荧光法	NY/T 395
总砷	二乙基二硫代氨基甲酸银分光光度法	GB/T 17134
	硼氢化钾硝酸银光度法	GB/T17135
总铅	石墨炉原子吸收分光光度法	GB/T 17141
	KI-MIBK 萃取火焰原子吸收分光光度法	GB/T 17140
总铬	火焰原子吸收分光光度法	GB/T 17137
铜	火焰原子吸收分光光度法	GB/T 17138

注:项目中有两种以上试验方法的,都可采用,其中第一种方法为仲裁方法

6 检验规则

6.1 产地环境

无公害柑橘产地必须符合无公害柑橘产地条件要求。

6.2 采样方法

6.2.1 产地环境空气的采样方法按照 NY/T 397 执行。

6.2.2 产地灌溉水的采样方法按照 NY/T 396 执行。

6.2.3 产地土壤的采样方法按照 NY/T 395 执行。

6.3 检验结果的数值修约

按照 GB/T 8170 执行。

参考文献

[1] 沈兆敏,邵蒲芬编著. 柑橘无公害高效栽培[M]. 北京:金盾出版社,2003.

[2] 彭成绩,蔡明段主编. 柑橘优质安全标准化生产百问百答[M]. 北京:中国农业出版社,2005.

[3] 沈兆敏,柴秦昌主编. 中国柑橘现代技术[M]. 北京:金盾出版社,2008.

[4] 沈兆敏,柴秦昌主编. 中国三峡柑橘产业[M]. 北京:中国三峡出版社,2008.

[5] 宁红,秦蓁主编. 柑橘病虫害绿色防控技术百问百答[M]. 北京:中国农业出版社,2009.

[6] 沈兆敏,徐忠强,汪小伟,等编著. 脐橙生产关键技术百问百答[M]. 北京:中国农业出版社,2009.

[7] 吴涛主编. 中国柑橘实用技术文献精编(上、下)[M]. 重庆:中国南方果树杂志社,2004.

[8] 中国农业科学院柑橘研究所.《中国南方果树》. 2005—2009.

书名	定价
怎样提高杧果栽培效益	7.00元
大果甜杨桃栽培技术	4.00元
仙蜜果栽培与加工	4.50元
杨梅良种与优质高效栽培新技术	6.00元
杨梅丰产栽培技术	7.00元
枇杷高产优质栽培技术	8.00元
枇杷无公害高效栽培	8.00元
大果无核枇杷生产技术	8.50元
橄榄油及油橄榄栽培技术	7.00元
油橄榄的栽培与加工利用	7.00元
无花果栽培技术	4.00元
无花果保护地栽培	5.00元
无花果无公害高效栽培	9.50元
开心果(阿月浑子)优质高效栽培	10.00元
树莓优良品种与栽培技术	10.00元
人参果栽培与利用	7.50元
猕猴桃标准化生产技术	12.00元
猕猴桃无公害高效栽培	7.50元
猕猴桃栽培与利用	9.00元
猕猴桃高效栽培	8.00元
怎样提高猕猴桃栽培效益	10.00元
猕猴桃园艺工培训教材	9.00元
猕猴桃贮藏保鲜与深加工技术	7.50元
提高中华猕猴桃商品性栽培技术问答	10.00元
沂州木瓜栽培与利用技术问答	5.50元
石榴标准化生产技术	12.00元
石榴无公害高效栽培	10.00元
石榴高产栽培(修订版)	6.00元
石榴整形修剪图解	6.50元
石榴无花果良种引种指导	13.00元
软籽石榴优质高产栽培	10.00元
番石榴高产栽培	6.00元
提高石榴商品性栽培技术问答	13.00元
石榴病虫害及防治原色图册	12.00元
城郊农村如何发展苗圃业	9.00元
林果生产实用技术荟萃	11.00元
林木育苗技术	20.00元
绿枝扦插快速育苗实用技术	10.00元
园林大苗培育教材	5.00元
园林育苗工培训教材	9.00元
林木嫁接技术图解	12.00元
杨树丰产栽培与病虫害防治	11.50元

以上图书由全国各地新华书店经销。凡向本社邮购图书或音像制品，可通过邮局汇款，在汇单“附言”栏填写所购书目，邮购图书均可享受9折优惠。购书30元(按打折后实款计算)以上的免收邮挂费，购书不足30元的按邮局资费标准收取3元挂号费，邮寄费由我社承担。邮购地址：北京市丰台区晓月中路29号，邮政编码：100072，联系人：金友，电话：(010)83210681、83210682、83219215、83219217(传真)。